高等院校智能会计系列规划教材

Power BI 可视化分析案例教程

吕志明◎主编

中国财经出版传媒集团

经济科学出版社
Economic Science Press

图书在版编目（CIP）数据

Power BI 可视化分析案例教程 / 吕志明主编 . —北京：经济科学出版社，2021.6
高等院校智能会计系列规划教材
ISBN 978 - 7 - 5218 - 2610 - 4

Ⅰ. ①P… Ⅱ. ①吕… Ⅲ. ①可视化软件 - 数据分析 - 高等学校 - 教材 Ⅳ. ①TP317.3

中国版本图书馆 CIP 数据核字（2021）第 101640 号

责任编辑：张 蕾
责任校对：刘 娅
责任印制：王世伟

Power BI 可视化分析案例教程
Power BI Keshihua Fenxi Anli Jiaocheng
吕志明 主 编
经济科学出版社出版、发行 新华书店经销
社址：北京市海淀区阜成路甲 28 号 邮编：100142
编辑工作室电话：010 - 88191375 发行部电话：010 - 88191522
网址：www.esp.com.cn
电子邮箱：esp@esp.com.cn
天猫网店：经济科学出版社旗舰店
网址：http://jjkxcbs.tmall.com
北京季蜂印刷有限公司印装
787×1092 16 开 11 印张 290000 字
2021 年 6 月第 1 版 2021 年 6 月第 1 次印刷
ISBN 978 - 7 - 5218 - 2610 - 4 定价：33.80 元
（图书出现印装问题，本社负责调换。电话：010 - 88191510）

前　言

近年来，大数据、云计算、物联网、移动互联网、人工智能、区块链等信息技术迅猛发展，由此带来了深刻的商业变革。信息技术不再仅仅作为工具而存在，而是越来越成为影响企业战略与运营的重要环境变量。随着信息技术在商业领域的扩散，商业模式、管理模式、业务流程正在发生深刻变革，从而倒逼会计转型，智能会计已成为必然发展趋势，会计人员的能力框架面临重构。当计算机替代了手工记账甚至实现了零核算之后，财会人员的重点职责和价值体现，在于通过专业化数据分析，为企业管理决策提供信息支持，因此，大数据分析必然是财会人员必备的基本能力，会计人员不仅仅是会计师，更应当是数据分析师。面对海量数据，如何提炼出对企业管理决策真正有用的信息至关重要，大数据可视化分析便是“大浪淘沙”的有效手段。根据 Gartner 公司发布的 2021《分析与 BI 平台魔力象限》，Microsoft、Tableau 等敏捷 BI 产品高居领导者地位。这些工具面向业务人员，技术门槛和成本较低，灵活易用，可实现自助式分析，从而更好地推动商业智能在企业落地。本书选择 Microsoft Power BI 作为可视化分析工具。

本书以案例为主线，介绍 Power BI 可视化分析的基本思路、步骤与方法，旨在引领读者快速掌握可视化分析基本技能。案例包括销售可视化分析、应收账款可视化分析、销售预算可视化分析、费用可视化分析和财务报表可视化分析。销售可视化分析包括销售下钻分析、销售趋势分析、销售流量分析和销售业绩分析。应收账款可视化分析包括应收账款余额占比分析和账龄分析，分析维度包括总体分析、部门分析和业务员分析。销售预算可视化分析包括销量预算差异分析和销量预算进度分析。费用可视化分析包括费用构成分析、费用同比分析和费用环比分析。财务报表可视化分析包括资产负债表分析、利润表分析、主要财务指标分析、偿债能力分析、营运能力分析、盈利能力分析、成长能力分析和杜邦分析。DAX 语言是可视化分析建模的核心内容，因此，最后一章结合实例全面讲解 DAX 常用的重点函数。掌握本书内容之后，恭喜您已开始步入 Power BI 可视化分析的华丽殿堂，这将为您在可视化分析领域的后续提升和深造奠定坚实的基础。

本书具有案例丰富、知识全面、由浅入深、循序渐进、简单易学的特点，便于上手，数据开源，每章配有思考题和上机实训，可用于财会类研究生、本科生相关课程教学。

笔者系我国第一届本科会计电算化专业方向的毕业生，经历了我国从会计电算化到会计信息化、再到当前智能会计的演变过程，一直深深地热爱着本专业。愿我们共同努力，积极参与并鉴证我国财会领域的又一次信息化革命浪潮，真正地实现企业数据化运营、数字化决策和智能化管理。

本书编写过程中，参考了大量专家的著述，在此一并表示感谢。囿于笔者水平，难免有纰漏之处，望广大读者批评指正。

吕志明

2021 年 5 月 10 日

目　录

第1章 可视化分析概述

1.1 为什么要学习可视化分析

1.1.1 信息技术扩散促使会计转型

近年来，大数据、云计算、物联网、移动互联网、人工智能、区块链等信息技术迅猛发展，由此带来了深刻的商业变革。信息技术不再仅仅作为工具而存在，而是越来越成为影响企业实现其发展战略的重要环境变量。随着这些信息技术在商业领域的扩散，商业模式、企业管理模式、业务流程等正在发生深刻变化，从而倒逼会计转型。本书认为，会计转型体现在以下几个方面。

（1）会计目标转型。现代企业会计主要包括财务会计与管理会计两大分支。会计信息对市场经济而言具有重要作用。市场经济越发达，会计就越重要。在现代企业中，所有权与经营权的分离使得企业所有者与经营者之间形成了一种委托代理关系，两者间的信息不对称会引发道德风险和逆向选择问题。同时，企业也是投资者、债权人、经营者、企业员工、政府税收部门、消费者、供应商、社会公众等众多利益相关者间一组契约的集合，而最优契约（包括显性的和隐性的）的设计和执行需要大量的可证实的信息。因此，客观上需要一种有效的信息披露制度来保障和满足各契约方即企业的利益相关者对于决策信息的需求。企业通过财务报告提供的财务会计信息可以在一定程度上缓解信息不对称，满足各利益相关者的信息需求（包括财务的和非财务的），在提升资本市场有效性、保障资本市场良序运转、优化社会资源配置、促进市场经济又好又快发展方面发挥着重要作用。如果没有财会人员，没有一套连贯的思想完美的会计、审计准则来保证会计信息的质量和可靠性，资本市场的效率会低很多，资本成本会提高，我们的生活水平也会下降（Wallman，1996）。此外，会计信息系统作为企业管理信息系统的一个核心子系统，能够为企业管理层提供诸多管理信息，辅助管理层进行经济决策，从而有利于提升企业管理水平。因此，获取高质量的会计信息是企业内外利益相关者永远追求的目标。实际上，无论是会计理论界还是会计实务界，致力于改善和提高会计信息质量的努力从未停止过，其主要遵循两条路径展开：一条路径是“内容”层面，即对传统会计理论（主要包括财务会计和管理会计）的不断完善，如财务会计中从传统“两大”财务报表到“四大”财务报表、从财务报表到财务报告、从历史成本单一计量模式到多种计量模式并存、从收益观到信息观到计量观再到契约观、从受托责任观到决策有用观，又如管理会计中 JIT 理论、平衡记分卡理论的形成与完善等。另一条路径是“形式”层面，主要是借助信息技术改造传统会计理论和会计方法。会计作为一个信息系统，总是会受到外部环境的影响，必定随着外部环境和用户需求的改变而改变。现代信息技术的迅速发展对人类社会的生产和生活方式产生了巨大冲击和革新，会计也不例外。

随着信息技术的不断发展及其在会计领域的深度应用，会计目标的定位应当更加全面和完整，不应当仅仅强调对外报告的决策有用观和受托责任观，而应注重对外报告目标（财务会计报告）和对内报告目标（管理会计报告）的同等重要性。本书认为，在会计信息化乃至企业管理信息化日益成为新常态的环境下，会计目标一方面仍要强调向财务报告使用者提供企业财务状况、经营成果、现金流量等会计信息，反映管理层受托责任履行情况（受托责任观），有助于财务报告使用者作出经济决策（决策有用观），这是会计作为通用商业语言的具体体现；另一方面，也应强调为企业战略的制定与实施、风险管控、企业的运营与管理等方面提供决策支持信息。这两方面具有同等重要性，对外作为向会计信息使用者传递信息的桥梁，对内作为辅助企业决策的有效手段。

（2）会计职能转型。信息技术的应用使得管理思想和管理工具很好地落地，管理会计职能将被充分发挥出来，会计职能应该从会计核算转向更加注重预测、控制、决策。不可否认，财务会计（无论是会计职业还是财会人员）不会消亡，原因有三：会计工作充满了职业判断，会计工作不可能全部被机器取代；企业会偶然发生特殊的交易或事项，这些特殊的交易和事项往往很难由系统自动完成，需要会计人工干预；新的交易和事项会不断出现，导致现有会计系统可能无法自动识别和处理。但是，会计是由业务驱动的，在理想的信息系统环境下，业务的发生能够自动地驱动会计系统进行相应核算，这是没有问题的。越来越多的会计核算已经实现了自动化，无须人工干预，有的企业甚至号称实现了“零核算”。随着电子发票的普及、智能识别技术的发展以及数据接口标准的统一，业财一体化将真正落地。因此，会计职能应该转向全方位参与企业的预测、控制与决策，实现事前、事中与事后的一条龙服务。

（3）会计功能转型。会计如何为企业实现增值？那就是通过成本控制、财务分析、全面预算、绩效考核、内部控制、风险管理、集团管控、决策支持等功能为企业降低成本、提高效率、防范风险、保障战略恰当实施，从而为企业创造价值。因此，会计应当从以核算功能为主转向以成本控制、全面预算、绩效考核、内部控制、风险管理、财务分析、决策支持等功能为主，从而实现企业价值增值。当然，我们并不否认核算功能的重要作用，毕竟会计核算是基础，通过核算输出的会计信息是一切决策的重要数据来源，同时，会计核算的价值反映本身就具有巨大价值，通过反映过去预测未来，为企业外部投资者、内部管理层提供决策支持信息本身就是会计得以存在的应有之义。

（4）会计价值转型。会计信息具有重要价值。从宏观方面来讲，微观主体提供的会计信息是国民经济宏观统计信息的微观基础；从微观层面来讲，会计在企业内部处于“信息洼地”的位置，各类信息最终汇集到会计系统，从而为企业生产经营管理提供服务。以往我们更加强调会计的价值反映，随着信息技术的发展和深度应用，会计目标、会计职能、会计功能的转型必然带来会计价值转型，好的管理思想和工具得以落地，决策支持功能得以增强，会计存在的价值必然从单纯的价值反映转向价值创造，为企业提供增值服务。

（5）会计业态转型。在大数据、云计算、5G、物联网、移动互联网、区块链、工业互联网等技术的推动下，面对商业模式、运营模式和管理模式变革，会计业态需要转型，从传统手工会计、电算化会计、会计信息化向智能会计转型。智能会计是一种以“数字经济”为前提、“人工智能”为支撑，所形成的满足经济管理数据分析和辅助决策信息需要的人机共生、协同进化、管理赋能的会计管理活动（王爱国，2020），云计算、物联网、移动互联网、5G、区块链是其基础平台和技术支撑，全面财务共享是其实现形式，大数据分析是其价值体现。只有真正实现向智能会计业态的演进，会计目标转型、会计职能转型、会计功能转型和会计价值转型才能真正得以落地，从“小会计”转变为“大财务”，从“账房先生”转变为“战略家”。正如财政部《会计改革与发展“十四五”规划纲要》（征求意见稿）所指出的，基于大数据背景的会计向智能化会计转型，将成为一种主流趋势，在智能化时代，商科教育更应该坚守专业根本，实现转型升级。

1.1.2 大数据分析是会计人员必备的基本能力

通俗地说，大数据是指一个系统要处理海量的、包括结构和非结构化等各种类型的数据。IDC 认为，一般而言，其数据规模要超过 100TB，且每年的增长率至少 60%。根据 IDC 描述，大数据特征如图 1－1 所示。

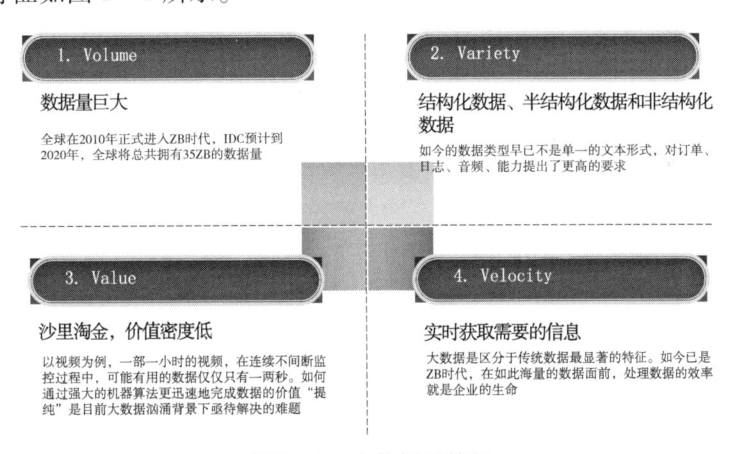

图 1－1 大数据的特征

根据百度搜索显示，我国大数据应用现状如图 1－2 所示。

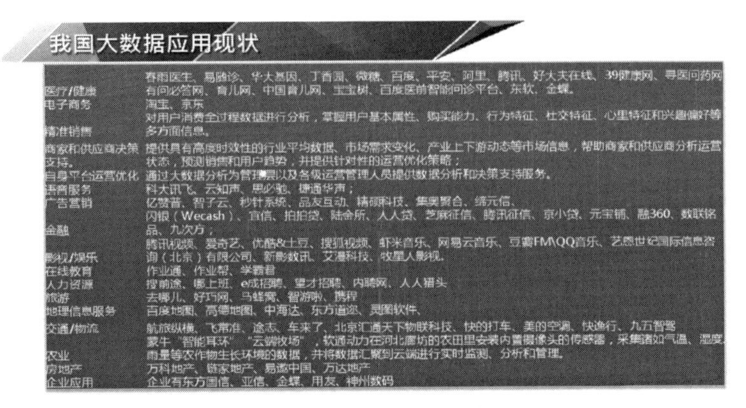
我国大数据应用现状

医疗/健康	春雨医生、易随诊、华大基因、丁香园、微糖、百度、平安、阿里、腾讯、好大夫在线、39健康网、寻医问药网、有问必答网、育儿网、中国育儿网、宝宝树、百度医前智能问诊平台、东软、金蝶。
电子商务	淘宝、京东
精准销售	对用户消费全过程数据进行分析，掌握用户基本属性、购买能力、行为特征、社交特征、心理特征和兴趣偏好等多方面信息。
商家和供应商决策支持。	提供具有高度时效性的行业平均数据、市场需求变化、产业上下游动态等市场信息，帮助商家和供应商分析运营状态，预测销售和用户趋势，并提供针对性的运营优化策略；
自身平台运营优化	通过大数据分析为管理层以及各级运营管理人员提供数据分析和决策支持服务。
语音服务	科大讯飞、云知声、思必驰、捷通华声；
广告营销	亿赞普、智子云、秒针系统、品友互动、精硕科技、集奥聚合、缔元信。
金融	闪银（Wecash）、宜信、拍拍贷、陆金所、人人贷、芝麻征信、腾讯征信、京小贷、元宝铺、融360、数联铭品、九次方；
影视/娱乐	腾讯视频、爱奇艺、优酷&土豆、搜狐视频、虾米音乐、网易云音乐、豆瓣FM\QQ音乐、艺恩世纪国际信息咨询（北京）有限公司、新影数讯、艾漫科技、牧星人影视。
在线教育	作业通、作业帮、学霸君
人力资源	搜前途、哪上班、e成招聘、望才招聘、内聘网、人人猎头
旅游	去哪儿、好巧网、马蜂窝、智游啦、携程
地理信息服务	百度地图、高德地图、中海达、东方道迩、灵图软件。
交通/物流	航旅纵横、飞常准、途志、车来了、北京汇通天下物联科技、快的打车、美的空调、快递行、九五智驾
农业	蒙牛“智能耳环”“云端牧场”，软通动力在河北廊坊的农田里安装内置摄像头的传感器，采集诸如气温、湿度、雨量等农作物生长环境的数据，并将数据汇聚到云端进行实时监测、分析和管理。
房地产	万科地产、链家地产、易遨中国、万达地产
企业应用	企业有东方国信、亚信、金蝶、用友、神州数码

图 1－2 大数据应用现状

“影响中国会计人员的十大信息技术评选”自2017年开始，至2021年已连续举办5年，各年热点技术排名如表1－1所示。大数据技术对于企业具有以下几个方面的价值：第一，能够处理以前无法处理，或者无法实时与快速处理的海量数据，包括结构性和非结构性数据。例如，一个大的全国或全球连锁店，以前需要三天才能将全部的零售终端数据进行收集、整理和分析，现在10分钟就能实现。这意味着，企业的决策速度可以更快，可以更好地响应客户需求。第二，企业可以利用大数据解决方案，对分布于社交网络、视频网络等各种互联网中的海量数据进行提取、整理、分析，并进而从这些新的数据中获取新的洞察力，将它与已知业务的各个细节相融合，促进企业产品和服务的营销。第三，企业可以利用自己积累的或存在于互联网中的大数据，服务于企业管理决策，推出各种新产品和新服务。

表1－1　　2017～2021年技术支持率统计

序号	2021年		2020年		2019年		2018年		2017年	
	技术名称	支持率（%）	技术名称	支持率（%）	技术名称	支持率（%）	技术名称	支持率（%）	技术名称	支持率（%）
1	财务云	56.02	财务云	73.41	财务云	72.06	财务云	90.22	大数据	88.68
2	电子发票	55.46	电子发票	66.33	电子发票	69.52	电子发票	81.15	电子发票	81.12
3	会计大数据分析与处理技术	52.19	会计大数据技术	62.44	移动支付	50.66	移动支付	66.49	云计算	71.26
4	电子会计档案	47.69	电子档案	50.56	数据挖掘	46.92	电子档案	62.25	数据挖掘	58.26
5	RPA	41.58	RPA	48.41	数字签名	44.48	在线审计	62.19	移动支付	54.69
6	新一代ERP	33.66	新一代ERP	47.91	电子档案	43.13	数据挖掘	54.77	机器学习	50.27
7	移动支付	33.38	区块链技术	45.73	在线审计	41.43	数字签名	54.06	移动互联	49.28
8	数据中台	31.77	移动支付	43.00	区块链发票	41.13	财务专家系统	53.30	图像识别	47.48
9	数据挖掘	31.03	数据挖掘	42.77	移动互联网	39.58	移动互联网	48.41	区块链	46.22
10	IPA	29.32	在线审计	42.74	财务专家系统	37.73	身份认证	47.70	数据安全技术	45.01

财务云、电子发票、电子档案等技术促进了会计工作环境的变革，而大数据分析则演化成财会人员的重点工作，面对会计转型，财会人员的能力框架需要重构，而会计转型决定了大

数据分析必然是财会人员必备的基本能力之一，道理很简单，当计算机替代了手工记账甚至实现了零核算之后，财会人员的重点任务就在于通过数据分析，为企业管理决策提供信息支持。

1.1.3　可视化分析是大数据分析的有效手段

大数据的特征决定了可视化分析是大数据分析的有效手段。面对海量的结构复杂的数据，如何提炼出对企业管理决策真正有用的信息至关重要，而可视化分析便是“大浪淘沙”的有效手段。可视化分析，顾名思义，是指将数据以视觉方式加以呈现，帮助人们更好地对数据进行分析，从而辅助管理和决策支持。当信息技术已经成为与企业密不可分的环境变量的时候，数据化运营与可视化分析对于企业的运营和管理越来越重要。

数据可视化古已有之。例如，伦敦霍乱地图，如图 1－3 所示。1854 年伦敦爆发严重霍乱，当时流行的观点是霍乱通过空气传播，而约翰・斯诺（John Snow）医生研究发现，霍乱是通过饮用水传播的。研究过程中，约翰・斯诺医生统计每户病亡人数，每死亡一人标注一条横线，分析发现，大多数病例的住所都围绕在 Broad Street 水泵附近，结合其他证据得出饮用水传播的结论，于是移掉了 Broad Street 水泵的把手，霍乱最终得到控制。再比如，南丁格尔玫瑰图，如图 1－4 所示。19 世纪 50 年代，英、法、土耳其和俄国发生了“克里米亚”战争，英国的战地士兵死亡率高达 42%。南丁格尔（5 月 12 日国际护士节）主动申请，自愿担任战地护士。她认为统计资料有助于改进医疗护理的方法和措施，出于对资料统计的结果不受人重视的忧虑，创建出一种色彩缤纷的图表形式，能够让数据给人以深刻印象，这就是著名的极区图，也称为南丁格尔玫瑰图。这张图描述了 1854 年 4 月至 1856 年 3 月期间士兵的死亡情况，其中左图是 1855 年 4 月至 1856 年 3 月，右图是 1854 年 4 月至 1855 年 3 月，并用红、蓝、黑代表 3 种不同情况，红色代表战场阵亡，蓝色代表可预防和可缓解的疾病因治疗不及时造成死亡，黑色代表其他死亡。图 1－4 中各扇区角度相同，用半径及扇区面积表示死亡人数，从而清晰地反映出每个月因各种原因死亡的人数。图 1－4 显示，1854～1855 年，因医疗条件而造成的死亡人数远远大于战场阵亡的人数。南丁格尔玫瑰图打动了当时的高层，于是医事改良的提案得到了支持，增加了战地医院，改善了军队医疗条件，为挽救士兵生命做出了巨大贡献。

图 1－3　伦敦霍乱地图

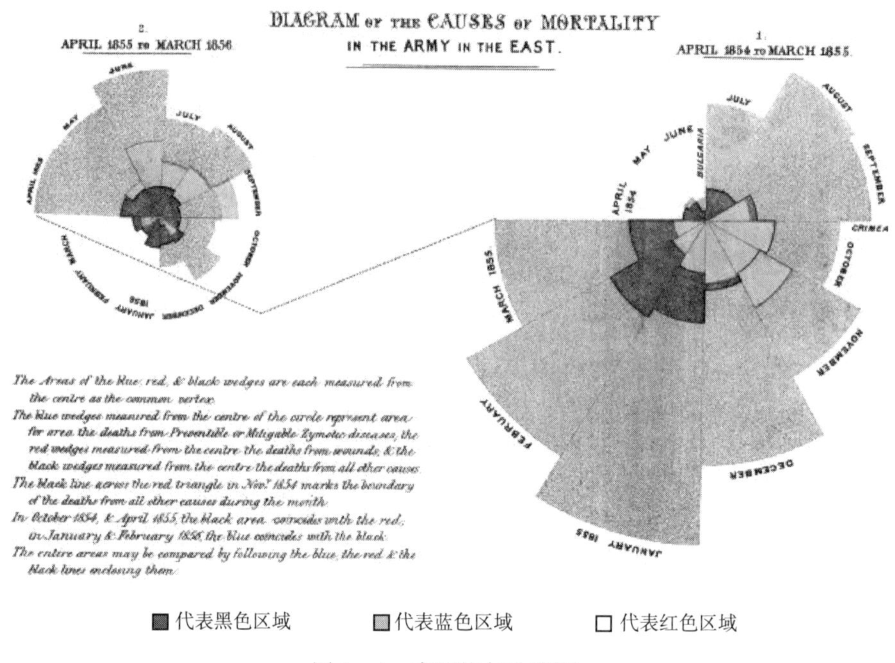

图1-4　南丁格尔玫瑰图

计算机技术推动了数据可视化分析的快速发展，典型示例不胜枚举。例如，2018 年度 Kantar Information is Beautiful Awards（全球信息与数据可视化领域最知名的奖项之一）优秀作品《1790-2016 美国移民年轮》（佩德罗·M. 克鲁兹等）和《我们扔掉的塑料垃圾将去向何方》（布莱恩·T. 雅各布斯等），都是计算机技术在数据可视化分析领域的具体应用。《1790-2016 美国移民年轮》将 1790～2016 年来到美国的移民人数以模拟树木年轮的方式呈现出来。移民年轮直观地体现了美国在过去 200 多年间移民来源的人口分布。

1.2　可视化分析的基本流程

1. 数据分析的基本逻辑

数据是分析对象的度量值，也可表示为：数据=类别+度量值，其中类别可以理解为分析维度，可以具有层次结构；度量值可以理解为要分析的指标。例如，2020 年男式长袖蓝色 L 码衬衣销量就是一项数据，其中年度、款式、颜色、号码等都属于类别，而销量属于度量值。数据分析就是用分类和比较的方法来回答特定问题，也就是在建立数据类别和度量值的基础上，通过比较分析来回答企业运营、管理、决策中的一些问题。例如，哪种商品销量最大？哪个销售员业绩最好？销量环比增长率是多少？同比增长率是多少？哪种商品销量增长率最高？各客户应收账款占比是多少？

2. 可视化分析的基本流程

可视化分析的基本流程如图 1－5 所示。首先，从企业 ERP 系统、OA 系统等数据库、Excel、文本文件、Web 等采集可视化分析所需数据；紧接着，对所采集的数据进行抽取、清洗转换和加载；接下来，根据分析目标和需要进行数据建模，包括建立表间关系、度量值、层次结构等工作；然后，根据准备好的数据和关系模型，进行可视化分析；最后，发布分析报告，供企业相关人员进行分析决策。

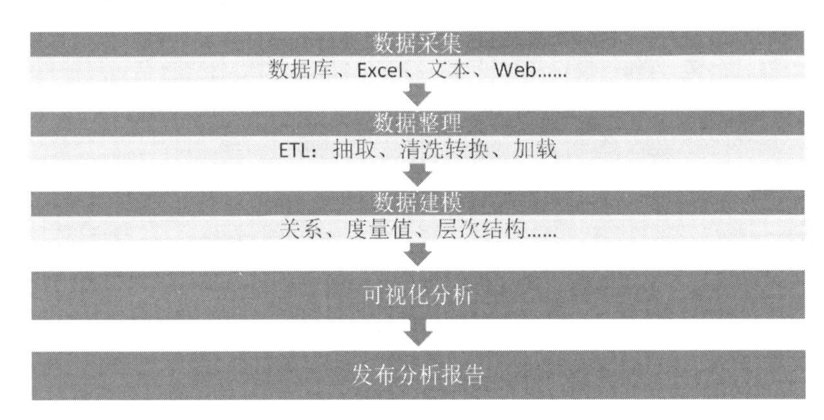

图 1－5　可视化分析基本流程

1.3　可视化分析工具的选择

可视化分析可以根据自身条件和需要，有不同的选择途径。

1. 利用编程实现可视化分析

借助 Python、R 语言等语言工具，通过程序设计来实现强大的大数据可视化分析。这种方法要求较高，需要具备良好的程序设计基础。

2. 利用传统的数据仓库和 BI 厂商产品实现可视化分析

可以借助传统的数据仓库和 BI 厂商提供的产品实现可视化分析，例如，IBM Cognos、Oracle OBIEE、SAP BO 等。

3. 利用面向大数据的新产品实现可视化分析

一些软件供应商专门针对大数据的特征，提出了一些新的解决方案，如 SAP 的 HANA、用友的 AE、Hadoop 等。

4. 借助 Power BI、Tableau 等软件实现可视化分析

上述几种方案，技术门槛较高，主要集中于企业的技术部门，产品开发周期长，沟通成本高，缺乏灵活性，不便于业务人员根据自身需要独立开展可视化分析。

Gartner 每年发布《分析与 BI 平台魔力象限》，魔力象限横轴表示前瞻性（completeness of vision）即愿景：包括厂商拥有的产品底层技术基础的能力、市场领导能力、创新能力和

外部投资能力等；纵轴表示执行能力（ability to execute）即落实和实施的能力：包括产品的使用难度、市场服务的完善程度和技术支持能力、管理团队的经验和能力等。魔力象限分为四个象限：领导者（LEADERS）、挑战者（CHALLENGES）、利基玩家，缝隙企业（NICHE PLAYERS）、有远见者、愿景者（VISIONARIES），如图所示 1－6 所示。

图 1－6　Gartner 魔力象限

根据 Gartner 公司发布的 2021 年《分析与 BI 平台魔力象限》，传统的重型数据库服务商 BI 产品的代表 Oracle、IBM、SAP 等已经移出领导者象限，Microsoft 、Tableau、Qlik 等敏捷 BI 产品高居领导者位置，如图 1－7 所示。

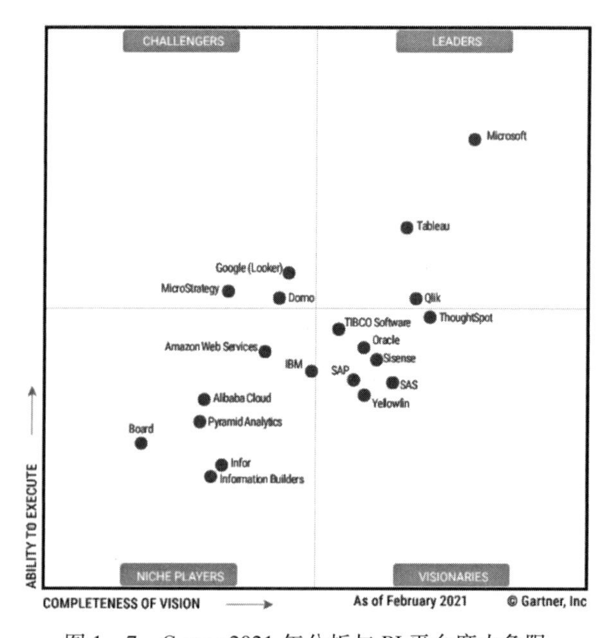

图 1－7　Gartner2021 年分析与 BI 平台魔力象限

Microsoft Power BI、Tableau 等产品面向业务分析人员，技术门槛和成本较低，灵活易用，可实现自助式分析，也就是从 IT 部门主导的分析模式转向业务部门主导的自助分析模式，从而更好地推动商业智能在企业落地。本书选择 Microsoft Power BI 作为可视化分析工具。

1.4 Power BI 简介

Power BI 是微软推出的可视化自助式 BI 分析工具，集成了 Power Query、Power Pivot、Power View 等功能，用户无须 BI 技术人员介入即可快速实现商业数据可视化分析，真正落实全员 BI，实现数据化运营、管理和决策，创造数据驱动型企业文化。

1. Power BI 的构成

Power BI 包括 Power BI Desktop、Power BI Service、Power BI App。Power BI Desktop 即桌面端应用程序，可免费从微软官网下载；Power BI Service 即云端在线应用 SaaS，需购买 Power BI Pro 账户；Power BI App 即移动端，可从苹果应用商店和安卓应用市场下载。

2. Power BI 的部署方式

（1）Power BI Desktop + Power BI Service（Power BI Pro 版账户）。

在该方式下，其工作流程如下：

首先，将数据导入 Power BI Desktop 并创建报表。

然后，通过 Power BI Desktop 将报表发布到 Power BI Service，在 Power BI Service 中可创建新的可视化视图或构建仪表板。

接下来，与他人共享仪表板。

最后，在 Power BI Mobile App 或浏览器中查看共享仪表板和报表并与其交互。

（2）Power BI 本地部署方式。

在该种方式下，企业需要部署一台 Power BI 报表服务器，报表用户使用微软活动目录域用户身份认证，且事先要授予访问权限。Power BI 报表服务器正式版本需要密钥。密钥获取有两种方式：一种是购买 Power BI 的 Premium 版本，可获得内部部署权限；另一种是购买 SQL Server 企业版加 SA。

在该方法下，其工作流程如下：

首先，将数据导入 Power BI Desktop 并创建报表。

然后，将报表另存到 Power BI 报表服务器。

最后，用户使用浏览器或 Power BI App 访问报表服务器查看报表（无限量用户使用）。

3. Power BI 可视化分析流程

借助 Power BI 进行可视化分析的基本流程如图 1-8 所示。

（1）获取和清洗数据。Power BI 集成的 Power Query 模块，可实现获取数据、数据清洗转换及加载等操作。Power BI 几乎可以从各类数据源获取数据，例如，Excel 文件，文本/CSV 文件，XML 文件，SQL Server、My SQL、Oracle、DB2、Sybase 等数据库，Web 网页。借助 Power Query 的图形界面功能，无编程即可实现数据清洗整理等基础操作，如需进行更为复杂的数据清洗整理，可借助 M 语言实现。

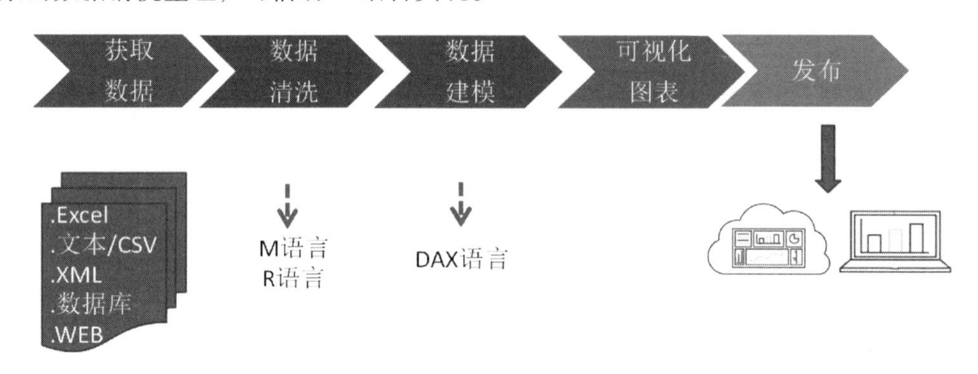

图 1－8　Power BI 可视化分析流程

（2）数据建模。数据建模是实现数据分析目的的手段和保障，只有正确、恰当的数据建模才能实现数据分析的目的；熟悉业务、明确分析目的是开展数据建模的前提，首先要明确想要分析解决什么问题，这是开展数据建模的目的和根本遵循。在 Power BI 中，数据建模由 Power Pivot 模块实现，可处理上亿行数据，可将其视为“筛选器 + 计算器”，其数据来源是通过关系联系起来的若干独立的表，而非扁平化的表格，如图 1－9 所示。

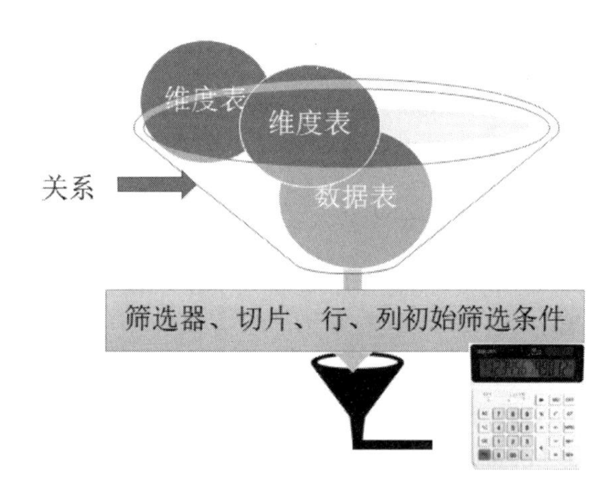

图 1－9　建模示意

数据建模主要包括关系模型、度量值、新建列、层次结构等方面，其中最为重要的是关系模型和度量值，度量值由 DAX 语言构造。只有真正掌握好数据建模，才能够实现数据与业务的融合，从而实现数据化运营。

【注释】 列是存储在表中的，因而会耗用内存，如果表的数据量很大，这将大大影响模型的运算速度。而度量值不隶属于任何表，它只是存储的计算公式，几乎不占用任何内存，因而使用起来更加灵活。

（3）可视化图表。可视化图表由 Power View 模块实现。Power BI 默认安装的可视化图表包括条形图、柱形图、折线图、面积图、散点图等 20 余种。如果默认的可视化图表无法满足需要，也可以从第三方下载个性化的可视化报表。在 Power BI 中导入自定义可视化效果的方式主要有两种：一种是来自存储，需用 Power BI Pro 账户登录 Power BI 才能导入；另一种是来自文件，可以访问 http：//app. powerbi. com/visuals 下载可视化效果文件，然后在 Power BI 中通过“来自文件”导入可视化效果。

以下介绍几种常见的可视化图表，这些图表可以满足大部分可视化分析需求。

①条形图和柱形图。条形图用宽度相同的柱状的长度反映数据的差异，便于比较各组数据之间的差别。分为簇状条形图、堆积条形图和百分比堆积条形图。簇状条形图，用于比较各个类别的值。堆积条形图用于显示单个项目与整体之间的关系。百分比堆积条形图用于比较各个类别的每一数值占总数值的百分比大小。将条形图转置便是柱形图，作用与条形图类似，分为簇状柱形图、堆积柱形图和百分比堆积柱形图。

②折线图。折线图可以显示数据随时间而连续变化的情况，适用于显示在相等时间间隔下的数据趋势分析，尤其是在趋势比单个数据点更重要的情况下更是如此。

③饼图和环图。饼图和环图均可用于显示部分与整体的关系，适合展示每一部分占整体的百分比。

④瀑布图。瀑布图是麦肯锡公司创作的图表类型，不仅能反映出各项数据的多少，还能反映出各项数据的增减变化。用不同颜色表示提高、降低以及总计，并且可以更改情绪颜色。

⑤漏斗图。漏斗图又称倒三角图，通常用于表示逐层分析的过程，例如销售阶段转化率或网站客户转化率。漏斗图的每个阶段代表总数的百分比，从最顶端的最大值，不断去除不关注的部分，最终得到最底层所关注的值。

⑥散点图。散点图具有两个数值轴，以显示水平轴上的一组数据和垂直轴上的另一组数据，在 X 和 Y 数值的交叉处显示代表两个数值坐标的点，可用于展示数据的分部和聚合情况，还能用于四象限分析。

⑦仪表。仪表通过一个圆弧显示单个值，用于衡量针对目标/KPI 的进度。仪表使用直线表示目标值，使用明暗度表示针对目标的进度，表示进度的值在圆弧内以粗体显示，所有可能的值沿圆弧均匀分布，从最小值到最大值。仪表可以直接显示结果，适用于显示某个目标的进度或者关键指标 KPI 的场景。

⑧树形图。树形图提供数据的分层视图，并将分层数据显示为一组嵌套矩形。一个有色矩形（称为分支）代表层次结构中的一个级别，该矩形包含其他矩形（称为叶），根据所测量的值分配每个矩形内部空间，从左上方到右下方按大小排列矩形。

⑨组合图。组合图是将折线图和柱形图合并在一起显示的单个可视化效果，可以进行更快的数据比较，包括折线和簇状柱形图、折线和堆积柱形图。组合图具有两个 Y 轴。

⑩帕累托图。帕累托图用于分析产生质量问题的主要因素，指导采取措施纠正造成最多数量缺陷的问题，在项目管理中主要用于找出产生大多数问题的关键原因，用来解决大多数问题。

（4）发布可视化报表。报表制作完成后，可在 Power BI Desktop 中直接发布到 Power BI 在线服务，当然只有具备 Power BI Pro 账户，登录后才能发布。

4. Power BI Desktop 的下载与安装

可以从“https：//powerbi. microsoft. com/zh - cn/desktop/”免费下载 Power BI Desktop，

根据计算机配置选择下载 PBIDesktop_x64. msi（64 位）或 PBIDesktop. msi（32 位）对应的安装程序，然后运行安装程序，按向导提示安装即可。

5. Power BI Desktop 界面

Power BI Desktop 界面如图 1－10 所示（版本不同会有所差异）。

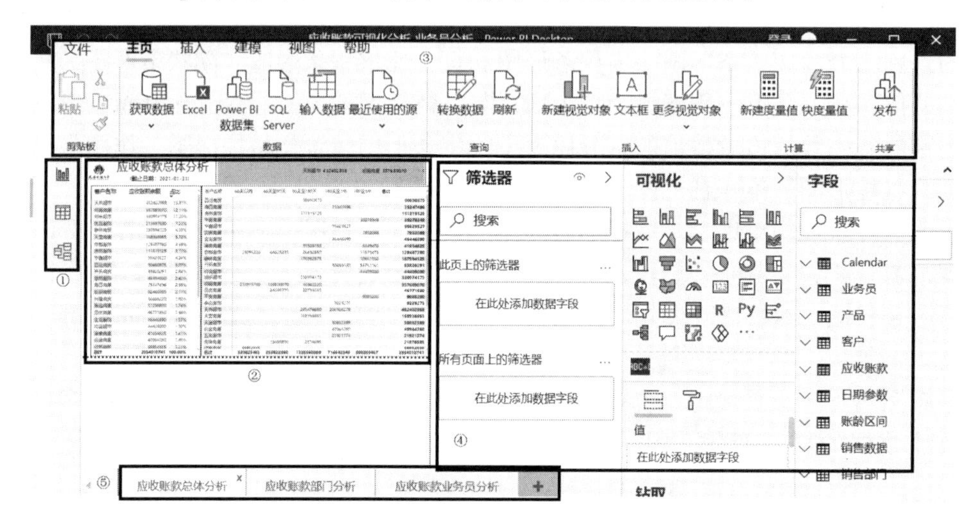

图 1－10 Power BI Desktop 界面

（1）视图模式。图 1－10 中①所标识的区域为视图模式选择区域，分为报表视图、数据视图和关系视图，报表视图用于可视化图表设计，数据视图用于管理数据表，关系视图用于管理表间关系。

在进行数据分析时，我们会面临各式各样的众多表格，数据建模首先要解决的就是识别各种表的类型和表间关系。关系模型的作用就在于识别表的类型和关系、并根据分析需要建立表间关系。有了关系模型，我们就可以快速地把若干张表的数据整合应用到可视化对象，而无须进行复杂的报表合并等操作。在建模过程中，可以把表区分为两种类型：Lookup 表（又称维度表）和数据表（又称事实表）。在如图 1－11 所示的关系中，“销售数据”表属于数据表，主要提供销售数据，而销售部门、业务员、产品、客户、Calendar 等表则属于维度表，各维度表通过关键字与数据表关联（最常见的是“一对多”关系，维度表一般是“一”端，数据表一般是“多”端），因而就可以从销售部门、业务员、产品、客户、时间等不同维度对销售数据进行分析。

（2）画布区域。图 1－10 中②所表示的区域为画布区域，在报表视图下，可在此区域进行可视化图表设计。

（3）功能区。图 1－10 中③所标识的区域为功能区，显示了 Power BI 在相应视图模式下的可用菜单及功能按钮。

（4）报表编辑器。图 1－10 中④所表示的区域为报表编辑器，包括可视化窗格、筛选器窗格和字段窗格。可视化窗格用于选择可视化对象，只在报表视图下可见。筛选器窗格用于设置当前视觉对象、当前页或所有页的筛选条件，只在报表视图下可见。字段窗格用于管理各表的字段与度量值。

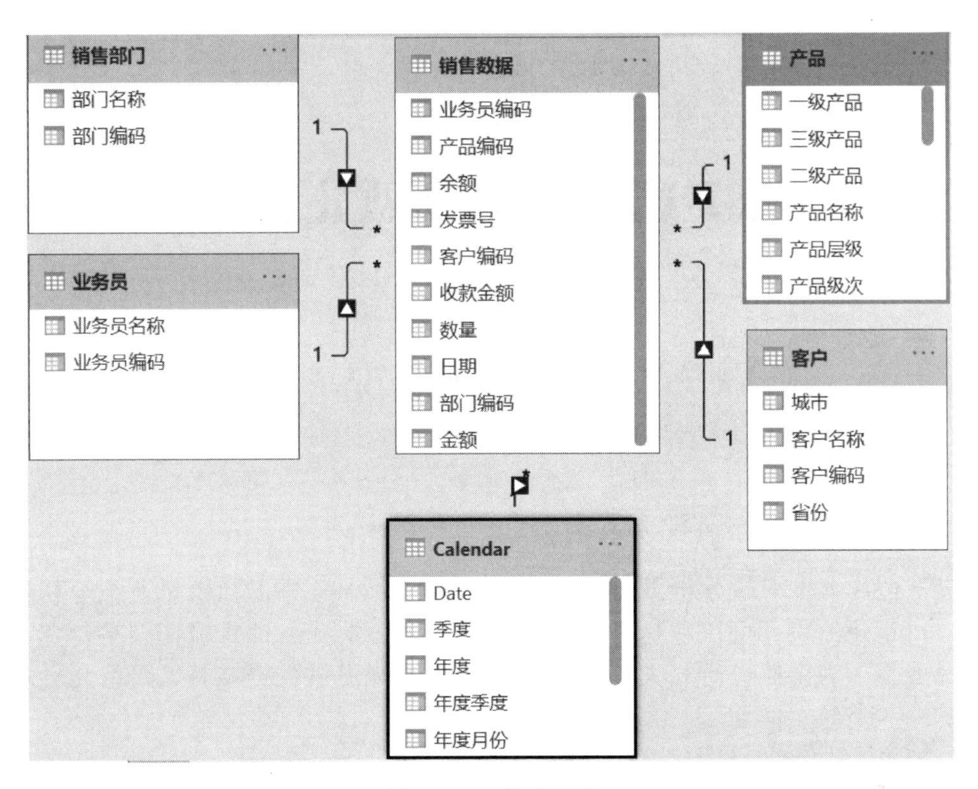

图 1 - 11　关系示例

（5）页标签。图 1 - 10 中⑤所示的区域为页标签区域，可用于切换表页，新建、复制或删除表页，或者对表页进行重命名、隐藏表页、调整表页顺序。

【思考题】

（1）简述 Power BI 可视化分析的基本流程。

（2）列与度量值有何区别？

（3）举例说明什么是维度表？什么是数据表？表间关系的作用是什么？

第2章 销售可视化分析

2.1 案例概况

2.1.1 案例功能与可视化效果

本案例包括销售下钻分析、销售趋势分析、销量流向分析和销量业绩分析四个模型，通过可视化图表，可以快速了解各层级产品销售情况、销售流向及各部门、业务员或产品业绩，为企业进行相关销售决策或业绩评价提供数据支持，可视化分析效果如下。

（1）销售下钻分析，见图2-1。

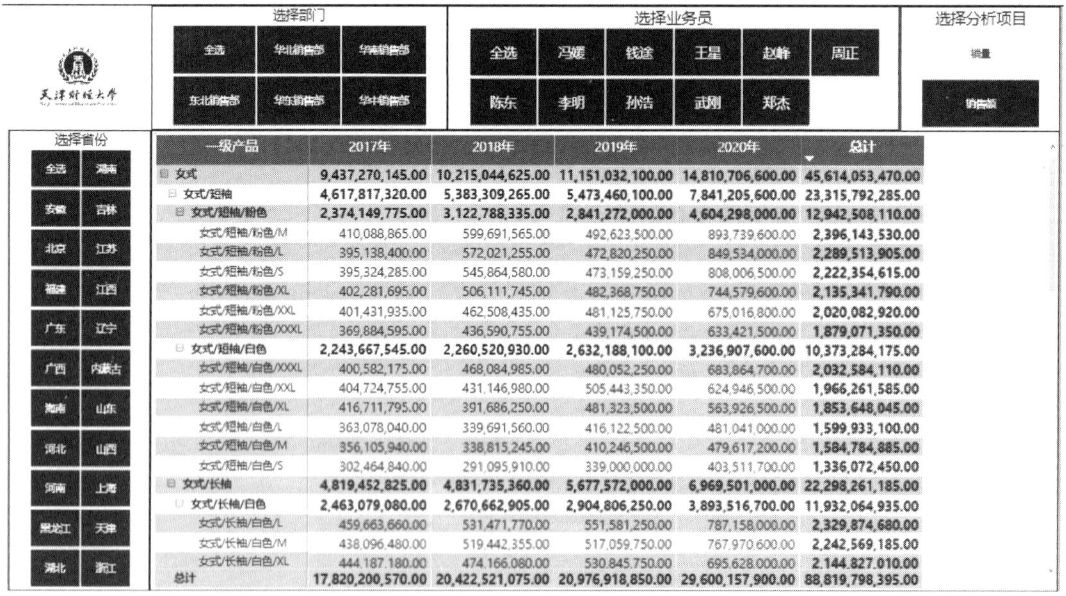

天津财经大学

选择部门：全选 华北销售部 华南销售部 东北销售部 华东销售部 华中销售部

选择业务员：全选 冯媛 钱途 王星 赵眸 周正 陈东 李明 孙浩 武刚 郑杰

选择分析项目：销量 销售额

选择省份：全选 湖南 安徽 吉林 北京 江苏 福建 江西 广东 辽宁 广西 内蒙古 海南 山东 河北 山西 河南 上海 黑龙江 天津 湖北 浙江

一级产品	2017年	2018年	2019年	2020年	总计
女式	9,437,270,145.00	10,215,044,625.00	11,151,032,100.00	14,810,706,600.00	45,614,053,470.00
女式/短袖	4,617,817,320.00	5,383,309,265.00	5,473,460,100.00	7,841,205,600.00	23,315,792,285.00
女式/短袖/粉色	2,374,149,775.00	3,122,788,335.00	2,841,272,000.00	4,604,298,000.00	12,942,508,110.00
女式/短袖/粉色/M	410,088,865.00	599,691,565.00	492,623,500.00	893,739,600.00	2,396,143,530.00
女式/短袖/粉色/L	395,138,400.00	572,021,255.00	472,820,250.00	849,534,000.00	2,289,513,905.00
女式/短袖/粉色/S	395,324,285.00	545,864,580.00	473,159,250.00	808,006,500.00	2,222,354,615.00
女式/短袖/粉色/XL	402,281,695.00	506,111,745.00	482,368,750.00	744,579,600.00	2,135,341,790.00
女式/短袖/粉色/XXL	401,431,935.00	462,508,435.00	481,125,750.00	675,016,800.00	2,020,082,920.00
女式/短袖/粉色/XXXL	369,884,595.00	436,590,755.00	439,174,500.00	633,421,500.00	1,879,071,350.00
女式/短袖/白色	2,243,667,545.00	2,260,520,930.00	2,632,188,100.00	3,236,907,600.00	10,373,284,175.00
女式/短袖/白色/XXXL	400,582,175.00	468,084,985.00	480,052,250.00	683,864,700.00	2,032,584,110.00
女式/短袖/白色/XXL	404,724,755.00	431,146,980.00	505,443,350.00	624,946,500.00	1,966,261,585.00
女式/短袖/白色/XL	416,711,795.00	391,686,250.00	481,323,500.00	563,926,500.00	1,853,648,045.00
女式/短袖/白色/L	363,078,040.00	339,691,560.00	416,122,500.00	481,041,000.00	1,599,933,100.00
女式/短袖/白色/M	356,105,940.00	338,815,245.00	410,246,500.00	479,617,200.00	1,584,784,885.00
女式/短袖/白色/S	302,464,840.00	291,095,910.00	339,000,000.00	403,511,700.00	1,336,072,450.00
女式/长袖	4,819,452,825.00	4,831,735,360.00	5,677,572,000.00	6,969,501,000.00	22,298,261,185.00
女式/长袖/白色	2,463,079,080.00	2,670,662,905.00	2,904,806,250.00	3,893,516,700.00	11,932,064,935.00
女式/长袖/白色/L	459,663,660.00	531,471,770.00	551,581,250.00	787,158,000.00	2,329,874,680.00
女式/长袖/白色/M	438,096,480.00	519,442,355.00	517,059,750.00	767,970,600.00	2,242,569,185.00
女式/长袖/白色/XL	444,187,180.00	474,166,080.00	530,845,750.00	695,628,000.00	2,144,827,010.00
总计	17,820,200,570.00	20,422,521,075.00	20,976,918,850.00	29,600,157,900.00	88,819,798,395.00

图2-1 销售下钻分析

（2）销售趋势分析，见图2-2。

（3）销量流向分析，见图2-3。

（4）销量业绩分析，见图2-4。

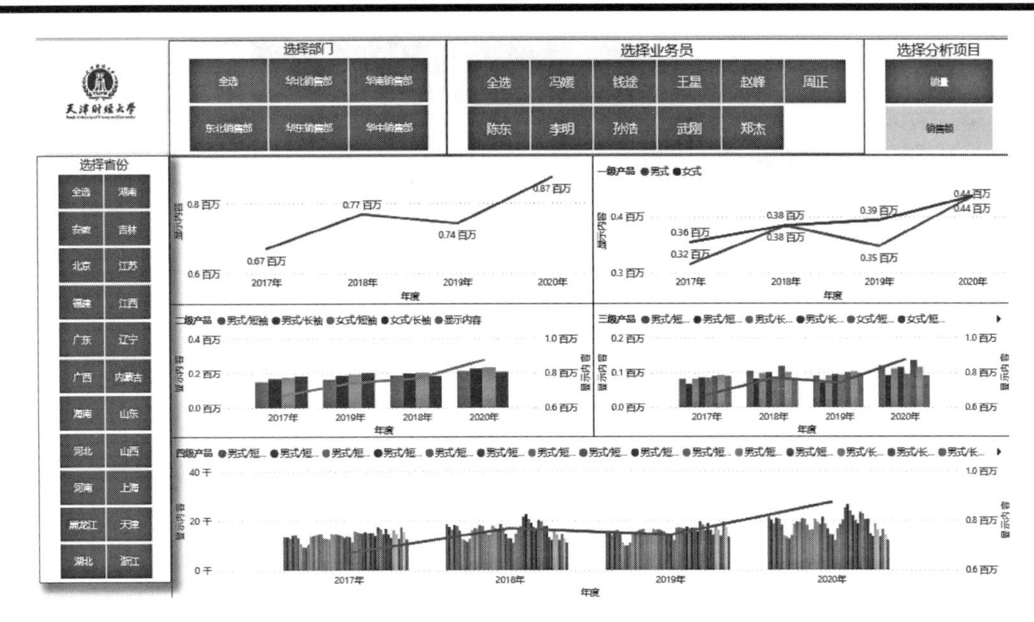

图 2－2　销售趋势分析

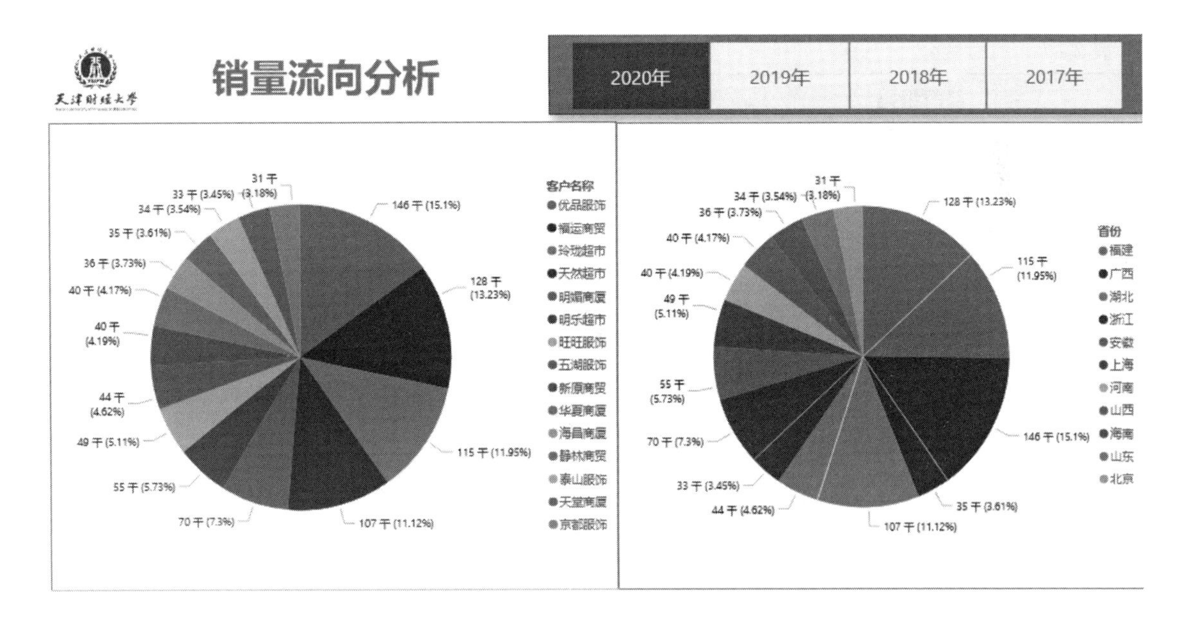

图 2－3　销量流向分析

2.1.2　案例数据

本案例针对某公司销售数据进行多维度可视化分析，包括销售下钻分析、销售趋势分析、销售流向分析和销售业绩分析。公司主要从事衬衣的生产与销售，获取的数据包括部门信息、业务员信息、客户信息、产品信息和销售数据，已导出汇总到 Excel 表，销售数据涉及 2017～2020 年共 4 年数据。各表数据结构如下。

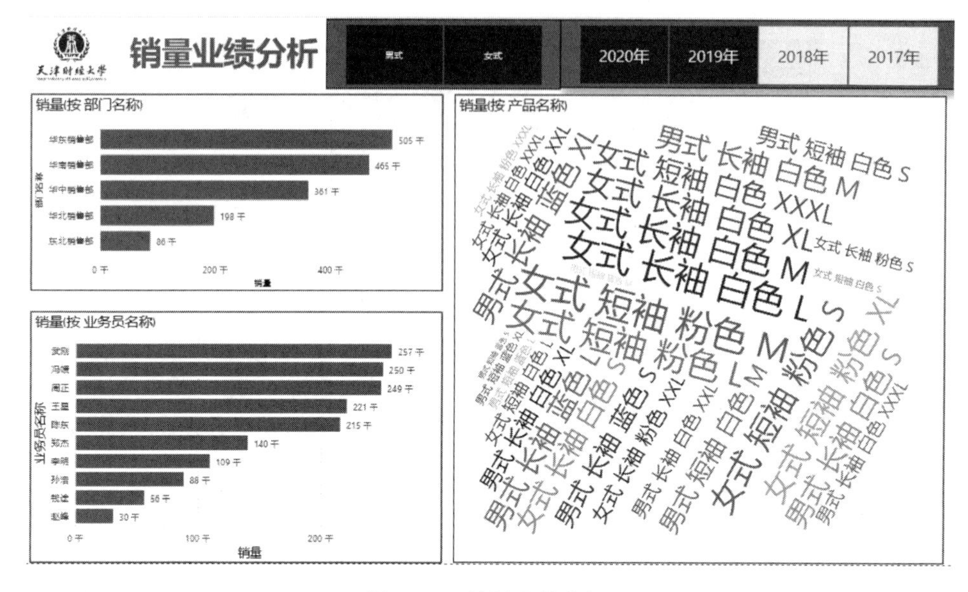

图 2－4　销量业绩分析

（1）部门信息，见表 2－1。

表 2－1　　部门信息

部门编码	部门名称
01	东北销售部
02	华北销售部
03	华东销售部
04	华中销售部
05	华南销售部

（2）业务员信息，见表 2－2。

表 2－2　　业务员信息

业务员编码	业务员名称
01	赵峰
02	钱途
03	孙浩
04	李明
05	周正
06	武刚
07	郑杰
08	王星
09	冯媛
10	陈东

（3）客户信息，见表 2 - 3。

表 2 - 3　客户信息

客户编码	客户名称	省份	城市
0101	华盛商厦	辽宁	沈阳
0102	同庆服饰	辽宁	大连
……	……	……	……
05	津荣商厦	天津	天津
06	京都服饰	北京	北京
0701	欣然商贸	河北	石家庄
0702	振兴商贸	河北	廊坊
……	……	……	……
2101	海昌商厦	海南	海口
2102	天涯超市	海南	三亚

（4）产品信息，见表 2 - 4。

表 2 - 4　产品信息

产品编码	产品名称
1	男式
101	男式/长袖
10101	男式/长袖/白色
1010101	男式/长袖/白色/S
……	……
10102	男式/长袖/蓝色
1010201	男式/长袖/蓝色/S
……	……
102	男式/短袖
10201	男式/短袖/白色
1020101	男式/短袖/白色/S
……	……
10202	男式/短袖/蓝色
1020201	男式/短袖/蓝色/S
……	……

续表

产品编码	产品名称
2	女式
201	女式/长袖
20101	女式/长袖/白色
2010101	女式/长袖/白色/S
……	……
20102	女式/长袖/粉色
2010201	女式/长袖/粉色/S
……	……
202	女式/短袖
20201	女式/短袖/白色
2020101	女式/短袖/白色/S
……	……
20202	女式/短袖/粉色
2020201	女式/短袖/粉色/S
……	……

（5）销售数据，见表2－5。

表2－5　　销售数据

年份	日期	部门编码	业务员编码	发票号	客户编码	产品编码	数量	金额	收款金额	余额
2017	2017/1/1	01	01	2017AZ001	0101	1010101	130	3 452 150	3 452 150	0
……	……	……	……	……	……	……	……	……	……	……
2018	2018/4/20	01	01	2018AZ476	0302	2020202	168	4 461 240	4 461 240	0
……	……	……	……	……	……	……	……	……	……	……
2019	2019/8/15	01	02	2019AZ227	0202	2010205	135	3 813 750	2 478 937.5	1 334 813
……	……	……	……	……	……	……	……	……	……	……
2020	2020/10/14	05	10	2020NZ542	2001	1020102	591	20 034 900	17 029 665	3 005 235
……	……	……	……	……	……	……	……	……	……	……

2.2　建模准备

2.2.1　导入数据

导入本案例数据的步骤如下：

（1）运行 Power BI Desktop，新建一个文件。

（2）在【主页】选项卡中单击图标，出现“打开”对话框。

（3）在该对话框中，选择本案例提供的 Excel 数据文件“销售可视化分析案例数据.xlsx”，然后单击【打开】按钮，出现“导航器”对话框。

（4）在该对话框中左侧列表中依次单击选中各工作表，因为需要将各表涉及的编码字段改为“文本”类型，在此单击【转换数据】按钮，进入 Power Query 编辑器窗口。如果数据源无须转换操作，在此直接单击【加载】按钮即可。

（5）选中“产品”表，再单击“产品编码”列，然后在功能区数据类型下拉框中将数据类型设置为“文本”，出现提示框，单击【替换当前转换】按钮即可。

（6）重复第（5）步，依次将“客户”表的“客户编码”，“销售部门”表的“部门编码”，“业务员”表的“业务员编码”，“销售数据”表的“部门编码”“业务员编码”“客户编码”“产品编码”的数据类型，均设置为“文本”类型。

（7）设置完毕，单击【关闭并应用 | 关闭并应用】按钮保存并应用查询更改。

2.2.2　生成与标记日期表

1. 生成日期表

日期是重要的数据分析维度，通常需要建立日期表。建立日期表的方式有多种，如利用 EXCEL、M 语言或者 DAX 语言等，在此利用 DAX 自动建立日期表。

（1）切换到报表视图下的【建模】选项卡，或者数据视图下的【主页】或【表工具】选项卡，然后单击【新建表】按钮，出现公式栏。

（2）在公式栏中输入定义新表公式。利用 DAX 生成日期表有多种方法，在此给出两种常用公式：

①公式一：

```
Calendar =
generate (
calendarauto ( ),
VAR currentdate = [date]
VAR year = year (currentdate)
VAR quarter = QUARTER (currentdate)
var month = format (currentdate,"MM")
```

```
var day = day (currentdate)
var weekid = weekday (currentdate)
return row (
"年度", year&"年",
"季度", quarter&"季度",
"月份", month&"月",
"日", day,
"年度季度", year&"Q"&quarter,
"年度月份", year&month,
"星期几", weekid
))
```

②公式二：

```
Calendar = ADDCOLUMNS (
CALENDAR (DATE (2017, 1, 1), DATE (2020, 12, 31)),
"年度", YEAR ([Date]),
"季度","Q"&format ([Date],"Q"),
"月份", format ([date],"MM"),
"日", format ([date],"DD"),
"年度季度", format ([date],"YYYY") &"Q"&format ([date],"Q"),
"年度月份", format ([date],"YYYY/MM"),
"星期几", weekday ([date], 2)
)
```

（3）公式输入完毕后，按 <回车> 键或用鼠标单击公式前的【√】按钮保存公式，即可自动生成表“Calendar”。

2. 标记日期表

可将以上生成的“Calendar”表标记为“日期表”，系统将对其数据进行自动校验，方法如下：

（1）在“字段”窗格右键单击“日期表”，出现快捷菜单。

（2）选择快捷菜单中的“标记为日期表 | 标记为日期表”，出现对话框。

（3）在对话框中选择“date”列，系统即可自动对该列进行数据验证。

【注释1】GENERATE（<表1>，<表2>）根据表1和表2的计算结果生成相应的笛卡尔积表。

【注释2】CALENDARAUTO（）自动检测模型中其他表中的所有日期，并自动生成一个包含“date”单一列的表。

【注释3】在DAX函数中，VAR和RETURN组合使用，可以定义变量并利用RETURN返回结果，格式如下：

```
VAR  <名称> = <表达式>
[VAR  <名称> = <表达式>…]
```

RETURN　<表达式>

【注释 4】 ROW（<列名称>，<表达式>［［，<列名称>，<表达式>］…］）返回包含单一行的表。

【注释 5】 ADDCOLUMNS（表，列名，表达式……）的功能是向指定的表中添加列，返回包含原始表和新添加列的新表。

【注释 6】 CALENDAR（开始日期，结束日期）返回一个包含“date”单一列的表。

【注释 7】 输入较复杂的 DAX 公式时，为了增强公式的可读性，可以按组合键 <Alt> + <回车>或者 <Shift> + <回车>换行，从而可以在下一行继续输入当前公式。

2.2.3　关系管理

本案例中，“销售数据”表中包含“部门编码”“业务员编码”“客户编码”“产品编码”等字段，“部门名称”“业务员名称”“客户名称”“产品名称”及日期等信息则单独存储在“销售部门”“业务员”“客户”“产品”“Calendar”等表中，为了便于后续各维度分析，需要在“销售数据”表与“销售部门”“业务员”“客户”“产品”“Calendar”等表间建立关系。

1. 自动建立关系

切换到模型视图，可以看到，系统已自动建立了“销售数据”表与“销售部门”“业务员”“客户”“产品”表的关系，如图 2－5 所示。自动建立表间关系的依据是不同表包含名称相同的字段。

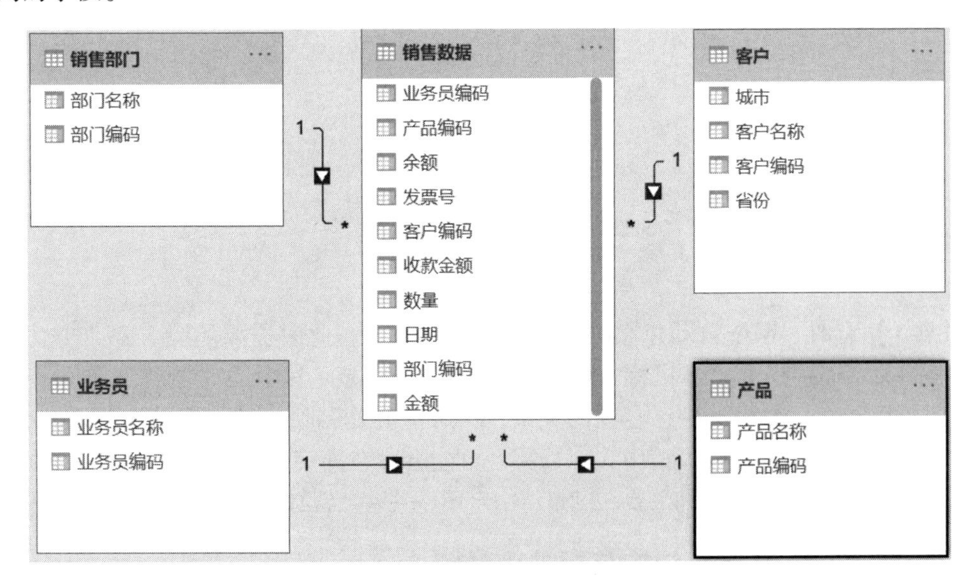

图 2－5　自动建立的表间关系

【注释】 类似“销售数据”这样的表被称为数据表，提供了可供分析的数据。类似“销售部门”“业务员”“客户”“产品”“Calendar”这样的表被称为维度表或查询表，提供查询维度信息。常见的关系类型为“一对多”，“一端”为维度表，“多端”为数据表。

2. 手动建立关系

在本案例中，需要手动建立“Calendar”与“销售数据”表的关系。手动创建该关系可以采用以下两种方法之一。

（1）方法一：在模型视图下，选中“Calendar”表中的“date”字段，按下鼠标左键将其拖动到“销售数据”表中的“日期”字段上，然后释放鼠标即可建立表间关系。

（2）方法二：在模型视图下，单击功能区中的【管理关系】按钮，出现管理关系对话框；在对话框中单击【新建】按钮，出现新建关系对话框，设置相应参数后单击【确定】即可新建关系，如图2－6所示。

选择相互关联的表和列。

销售数据

日期	部门编码	业务员编码	发票号	客户编码	产品编码	数量	金额	收款金额
2017年7月12日	1	2	2017AZ193	202	1010101	129	3425595	3425595
2017年7月13日	1	2	2017AZ194	202	1010102	129	3425595	3425595
2017年7月14日	1	2	2017AZ195	202	1010103	129	3425595	3425595

Calendar

Date	年度	季度	月份	日	年度季度	年度月份	星期几
2017/7/1 0:00:00	2017年	3季度	07月	1	2017Q3	201707	7
2017/7/2 0:00:00	2017年	3季度	07月	2	2017Q3	201707	1
2017/7/3 0:00:00	2017年	3季度	07月	3	2017Q3	201707	2

基数　　交叉筛选器方向

多对一(*:1)　　单一

使此关系可用　　在两个方向上应用安全筛选器

假设引用完整性

图2－6　手动建立关系

【注释1】有时，系统自动建立的关系可能并不需要，此时需要删除关系，方法是：在这两个表的关系连接线上单击鼠标右键出现快捷菜单，选择其中的“删除”即可；也可以在“管理关系”对话框中选中已存在的关系，然后单击【删除】按钮删除该关系。

【注释2】在复杂的关系模型中，部分关系可能会存在冲突，此时，关系连接线显示为虚线状态，表示该关系不可用。如果要在度量值中启用该关系，就必须使用UseRelationship函数。

2.2.4　建立产品层次结构与相关度量值

本案例将从产品层级维度进行可视化分析，因此，需要事先建立产品层级。

1. 获取父级产品编码

通过分析产品编码发现，产品共分四个级次，第一级编码长度为1；第二级编码长度为3，左边第1位为其一级产品编码；第三级编码长度为5，左边前3位为其二级产品编码；第四级编码长度为7，左边前5位为其三级产品编码。由此，获取父级项目思路如下：先求出产品编码长度，以及各产品编码前 1 位、前 3 位、前 5 位，然后根据编码长度分别取前 1 位（对于一级产品和二级产品）、前 3 位（对于三级产品）、前 5 位（对于四级产品）作为其父级产品。

（1）生成编码长度。

①在“报表”或“模型”视图下，选中“主页”选项卡，然后在功能区中单击【转换数据】按钮，打开“Power Query 查询编辑器”。

②在左侧查询列表中选中“产品”表，再单击选中该表的“产品编码”列。

③切换到“添加列”选项卡，选择【提取 | 长度】，系统自动新增一列，默认名称“长度”。

（2）提取编码前 1 位。

①继续选中“产品编码”列，然后在“添加列”选项卡中选择【提取 | 首字符】，出现对话框。

②将“计数”设置为 1，然后单击【确定】按钮。

③此时，系统自动生成一列，双击该列标题，将其更名为“前 1 位”。

（3）提取编码前 3 位。

①继续选中“产品编码”列，然后在“添加列”选项卡中选择【提取 | 首字符】，出现对话框。

②将“计数”设置为 3，然后单击【确定】按钮。

③此时，系统自动生成一列，双击该列标题，将其更名为“前 3 位”。

（4）提取编码前 5 位。

①继续选中“产品编码”列，然后在“添加列”选项卡中选择【提取 | 首字符】，出现对话框。

②将“计数”设置为 5，然后单击【确定】按钮。

③此时，系统自动生成一列，双击该列标题，将其更名为“前 5 位”。

（5）生成父级产品编码。

①继续在“添加列”选项卡中，单击【条件列】按钮，出现添加条件列对话框，如图 2 -7所示。

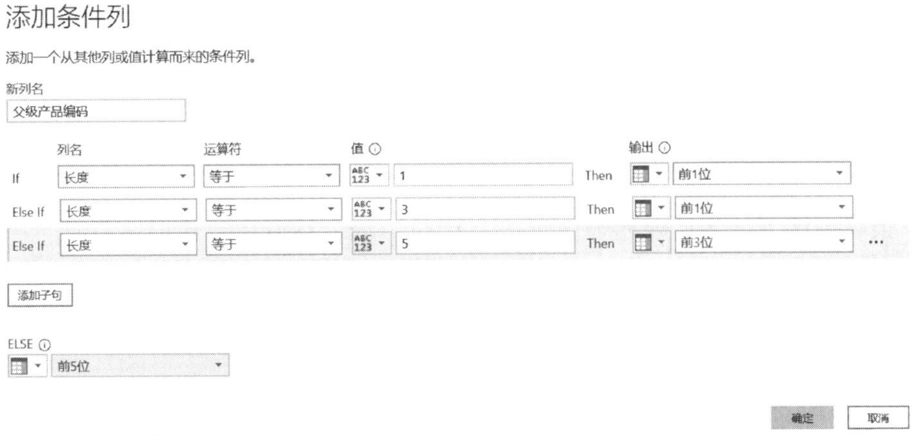

添加条件列

添加一个从其他列或值计算而来的条件列。

新列名

父级产品编码

	列名	运算符	值		输出
If	长度	等于	1	Then	前1位
Else If	长度	等于	3	Then	前1位
Else If	长度	等于	5	Then	前3位

添加子句

ELSE

前5位

确定　取消

图 2 -7　利用条件列获取父级产品编码

②将新列名设置为“父级产品编码”。

③设置第一个 if 语句。将“列名”设置为“长度”；将“运算符”设置为“等于”；将“值”设置为 1；单击“输出”下方的下拉框 ABC 123，选择其中的“选择列”，如图 2－8 所示，然后在后面下拉框中选择“前 1 位”列。

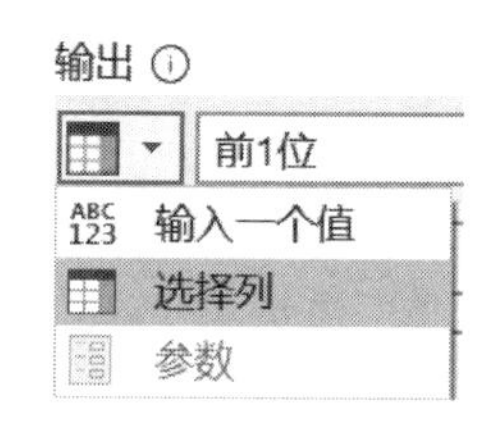

图 2－8　设置输出选项

④单击【添加子句】按钮，继续设置 else if 语句。将“列名”设置为“长度”；将“运算符”设置为“等于”；将“值”设置为 3；将输出设置为“前 1 位”列。

⑤单击【添加子句】按钮，继续设置第二个 else if 语句。将“列名”设置为“长度”；将“运算符”设置为“等于”；将“值”设置为 5；将输出设置为“前 3 位”列。

⑥最后设置 else 语句。将输出设置为“前 5 位”列。

⑦条件设置完毕，单击【确定】按钮即可自动生成“父级产品编码”列。

（6）删除多余列。

“长度”“前 1 位”“前 3 位”“前 5 位”等列属于设置过程中的辅助列，设置完毕可将其删除，方法是：在列标题上单击右键，从快捷菜单中选择“删除列”即可。

（7）保存应用。

设置完毕，切换到“主页”选项卡，单击【关闭并应用 | 关闭并应用】按钮保存应用。

2. 设置产品层次结构

（1）新建父级产品名称列。

①在报表视图下，从字段列表中选中“产品”表，然后在“建模”选项卡或“表工具”选项卡中单击【新建列】按钮；或者，在数据视图下，从字段列表中选中“产品”表，然后在“主页”选项卡或“表工具”选项卡中单击【新建列】按钮。执行上述操作后，出现公式栏。

②在公式栏中，输入以下公式：父级产品名称 = LOOKUPVALUE（'产品'［产品名称］,'产品'［产品编码］,'产品'［父级产品编码］）。

③输入完毕，按回车键或者单击公式栏中的【√】按钮保存公式，在“产品”表中自动添加“父级产品名称”列，并自动计算填充相关数据。

【注释】函数 LOOKUPVALUE 用于从当前表根据指定的标准从指定的列中返回相关值，格式如下：LOOKUPVALUE（<结果列>，<查找列>，<索引值>［，<查找列 1>，<索引值 1>］…）

（2）建立产品名称表示的产品层级列。

①在报表视图下，从字段列表中选中“产品”表，然后在“建模”选项卡或“表工具”选项卡中单击【新建列】按钮；或者，在数据视图下，从字段列表中选中“产品”表，然后在“主页”选项卡或“表工具”选项卡中单击【新建列】按钮。执行上述操作后，出现公式栏。

②在公式栏中，输入以下公式：产品层级 = path（'产品'［产品名称］,'产品'［父级产品名称］）。

③输入完毕，按回车键或者单击公式栏中的【√】按钮保存公式，在“产品”表中自

动添加“产品层级”列，并自动计算填充相关数据。

【注释】 DAX 函数 PATH（<ID 列>，<父列>）用于返回以“|”分隔的文本字符串，该文本字符串包含当前标识符及其所有父项标识符，并按最早到最晚（从一级到本级）的顺序排列。

（3）新建各级产品名称列。

利用“新建列”功能，在“产品”表中新建“一级产品”“二级产品”“三级产品”“四级产品”四个字段，公式分别如下：

```
一级产品 = pathitem（'产品'［产品层级］, 1）
二级产品 = if（pathitem（'产品'［产品层级］, 2）= BLANK（）,
                pathitem（'产品'［产品层级］, 1）,
                pathitem（'产品'［产品层级］, 2）
                ）
三级产品 = if（pathitem（'产品'［产品层级］, 3）= BLANK（）,
                if（pathitem（'产品'［产品层级］, 2）= BLANK（）,
                    pathitem（'产品'［产品层级］, 1）,
                    pathitem（'产品'［产品层级］, 2））,
                pathitem（'产品'［产品层级］, 3）
                ）
四级产品 = if（pathitem（'产品'［产品层级］, 4）= BLANK（）,
                if（pathitem（'产品'［产品层级］, 3）= BLANK（）,
                     if（pathitem（'产品'［产品层级］, 2）= BLANK（）,
                         pathitem（'产品'［产品层级］, 1）,
                         pathitem（'产品'［产品层级］, 2））,
                     pathitem（'产品'［产品层级］, 3））,
                pathitem（'产品'［产品层级］, 4））
```

【注释】 在利用层次结构显示数据时，默认情况下，即便没有下级层次仍将显示一行数据，只不过分类名称为空，数值则为上级层次的数值，为了避免分类名称显示为空，以上公式使用了 if 函数加以判断，若为空则显示上级名称层级。当然，如果没有下级，可以通过一定的方法使得该层级不显示，具体方法见下文。

（4）新建产品级次列。

利用新建列功能在“产品”表中，新建“产品级次”列，其公式如下：

```
产品级次 = pathlength（'产品'［产品层级］）
```

【注释】 DAX 函数 PATHLENGTH 用于返回给定 path 结果中指定项的父项数目（包括指定项本身）。公式运算时，是在行上下文进行的，也就是遍历表的每一行时，当前行就是行上下文，当前行的“产品层级”字段值也就是这里的指定项。

（5）新建产品层次结构。

①在字段栏选择“产品”数据表，在“一级产品”字段上单击鼠标右键出现快捷菜单，选择快捷菜单中的“新的层次结构”，此时在该表中自动生成名为“一级产品 层次结构”

的层次结构。

②双击该层次结构名称，将其重命名为“产品层次结构”。

③用鼠标将“二级产品”字段拖拽到“产品层次结构”上，释放鼠标，完成二级产品的添加。

④用鼠标将“三级产品”字段拖到“产品层次结构”上，释放鼠标，完成三级产品的添加。

⑤用鼠标将“四级产品”字段拖到“产品层次结构”上，释放鼠标，完成四级产品的添加。

⑥设置完毕，保存文件。

经过以上设置，“产品层次结构”包含“一级产品”“二级产品”“三级产品”“四级产品”共四级层次结构，可用于后续的产品层次维度分析。

3. 建立产品层次结构分析所需的度量值

（1）是否被各级次筛选度量值。

①在报表视图下的“建模”选项卡下，或者在数据视图下的“主页”或“表工具”选项卡下，单击功能区【新建度量值】按钮，出现新建度量值公式栏。

②在公式栏中输入以下公式：是否被一级产品筛选 = ISFILTERED（'产品'［一级产品］），然后按 <回车> 键或者用鼠标单击公式栏前的【√】按钮保存度量值。

③重复步骤②，依次建立以下度量值：

是否被二级产品筛选 = ISFILTERED（'产品'［二级产品］）

是否被三级产品筛选 = ISFILTERED（'产品'［三级产品］）

是否被四级产品筛选 = ISFILTERED（'产品'［四级产品］）

【注释 1】 DAX 函数 ISFILTERED（ <列名> ）用于返回是否存在针对指定列的直接筛选器，其返回值为 TRUE 或 FALSE，TRUE 对应的数值为 1，FALSE 对应的数值为 0。

【注释 2】 新建的度量值默认自动放置于当前选中的表中，可以将度量值集中存储于一个专门的表中，以便查看和使用，具体方法见下文。

（2）产品透视深度度量值。

参照上述步骤，新建“产品透视深度”度量值，其公式如下：

产品透视深度 =［是否被一级产品筛选］+［是否被二级产品筛选］+［是否被三级产品筛选］+［是否被四级产品筛选］

（3）计算产品层级最大深度度量值。

参照上述步骤，新建“产品层级最大深度”度量值，其公式如下：

产品层级最大深度 = max（'产品'［产品级次］）

2.3 销售下钻分析

2.3.1 设置 LOGO

（1）切换到“报表”视图，双击默认页名称“第 1 页”，将其更名为“销售统计”。

（2）选择“插入”选项卡。

（3）单击【图像】按钮，出现“打开”对话框。

（4）选择 LOGO 图片文件，然后单击【打开】按钮，即可插入 LOGO 图片。

（5）调整 LOGO 图片的大小与位置。

2.3.2 设置切片器

1. 部门切片器

（1）切换到“报表”视图。

（2）在可视化窗格中，单击切片器按钮，画布中自动出现切片器。

（3）在右侧字段列表中，选择表“销售部门”下的“部门名称”字段，按下鼠标左键将其拖动到可视化窗格中的“字段”框处。

（4）在可视化窗格中，单击按钮，切换到“格式”状态。

（5）单击展开“常规”选项，将“方向”参数设置为“水平”。

（6）单击展开“选择控件”选项，将“显示‘全选’”选项打开。

（7）将“切片器标头”选项关闭。

（8）在“项目”选项下，可以设置项目的字体颜色、背景、边框、文本大小、字体系列等属性。在此，将文本大小设置为 12。

（9）将“标题”选项打开，设置标题为“选择部门”，并可设置背景色、对齐方式、文本大小、字体系列等属性，在此将文本大小设置为 12。

（10）在“背景”选项下，可以设置背景色、透明度，在此保持默认值。

（11）将“边框”选项打开，并可设置边框颜色、半径等属性，在此保持默认值。

（12）将“阴影”选项打开，并可设置边框颜色、阴影位置、对齐方式等属性，在此保持默认值。

（13）适当调整切片器大小与位置。

2. 业务员切片器

（1）在画布空白处单击鼠标。

（2）参照上述部门切片器的方法，设置业务员切片器，对应字段为表“业务员”的“业务员名称”字段，并设置相关选项、大小与位置。

3. 省份切片器

（1）在画布空白处单击鼠标。

（2）参照上述部门切片器的方法，设置省份切片器，对应字段为表“客户”的“省份”字段，并设置相关选项、大小与位置。

4. 分析项目切片器

如果希望可以任意选择分析项目是“销量”还是“销售额”，可采用以下方法实现。

（1）新建表。

①在“主页”选项卡中，单击【输入数据】按钮，出现创建表对话框，如图 2 - 9 所示。

②双击默认列名“列 1”，将其更名为“分析项目”。

创建表

	分析项目	*
1	销量	
2	销售额	
*		

名称: 分析项目

加载　编辑　取消

图 2 – 9　创建分析项目表

③输入两个项目值“销量”“销售额”。

④将表名设置为“分析项目”。

⑤单击【加载】按钮。

(2) 设置切片器。

参照上述部门切片器的方法，设置分析项目切片器，对应字段为表“分析项目”的“项目”字段，并设置相关选项、大小与位置。注意，需要将“选择控件”下的“单项选择”选项打开。

(3) 新建度量值。

①在字段列表中选中“分析项目”表。

②在功能区单击【新建度量值】按钮，出现定义度量值公式栏，输入以下公式:

项目 = selectedvalue ('分析项目' [分析项目])

③设置完毕，按 <回车> 键，或者单击公式栏前的【√】按钮，保存度量值。

④设置完毕，单击左上角保存按钮保存文件

后续分析时，可以通过该度量值的值来判断需要可视化分析的项目。

2.3.3　建立度量值

1. 销量度量值

(1) 在字段列表中选中“销售数据”表。

(2) 在功能区单击【新建度量值】按钮，出现定义度量值公式栏，输入以下公式:

销量 = if ([产品透视深度] > [产品层级最大深度], BLANK (), sum ('销售数据' [数量]))

(3) 设置完毕，按 <回车> 键，或者单击公式栏前的【√】按钮，保存度量值。

2. 销售额度量值

(1) 在字段列表中选中“销售数据”表。

(2) 在功能区单击【新建度量值】按钮，出现定义度量值公式栏，输入以下公式:

销售额 = if ([产品透视深度] > [产品层级最大深度], BLANK (), sum ('销售数据' [金额]))

(3) 设置完毕，按 <回车> 键，或者单击公式栏前的【√】按钮，保存度量值。

3. 显示内容度量值

为了根据切片器选择的分析项目显示相应值，可定义以下度量值。

（1）在字段列表中选中“销售数据”表。

（2）在功能区单击【新建度量值】按钮，出现定义度量值公式栏，输入以下公式：

显示内容 = if（[项目] = "销量"，[销量]，[销售额]）

（3）设置完毕，按 <回车> 键，或者单击公式栏前的【√】按钮，保存度量值。

4. 将度量值集中存储于某空白表

度量值分散于不同表中，不便于查看和使用，可以将所有度量值集中存放于一张单独的空白表，方法如下。

（1）在报表视图或模型视图下，选择“主页”选项卡，然后单击【输入数据】按钮，出现创建表对话框。

（2）输入表名“度量值表”，其他参数保持默认，单击【加载】按钮，新建一张名为“度量值”的空白表。

（3）选中某个已经建立好的度量值，然后在功能区左上角“主表”下拉框中，将度量值所属主表设置为以上新建的“度量值表”表。重复该操作，将所有已建立的度量值集中存放于“度量值”表。

（4）在字段列表中选中“度量值表”表，在“列 1”字段上单击鼠标右键，从快捷菜单中选择【删除】命令，将该列删除。

（5）设置完毕，单击左上角保存按钮，保存文件。

2.3.4　建立销售统计矩阵

（1）在报表视图下，在可视化窗格中单击矩阵可视化对象，画布自动出现矩阵。

（2）在字段列表中选择“产品”表，将其中的“产品层次结构”拖动到可视化窗格中的“行”字段处。

（3）在字段列表中选择“Calendar”表，将其“年”字段拖动到可视化窗格中的“列”字段处。

（4）在字段列表中，将度量值［显示内容］拖动到可视化窗格中的“值”字段处。

（5）根据需要设置矩阵格式参数、大小与位置。

（6）模型设置完毕，单击左上角保存按钮，保存文件。

至此，销售统计矩阵设置完毕。通过切片器选择部门、业务员、省份、分析项目，将动态按产品层级显示各年销售数据。

【注释】在报表视图或模型视图下，在“主页”选项卡中单击【刷新】按钮，可以刷新数据源，从而完成可视化分析数据的自动更新。

2.4　销售趋势分析

本案例中，销售趋势分析包括总体销售趋势折线图、一级产品销售趋势折线图、二级产品销售趋势折线和簇状柱形图、三级产品销售趋势折线和簇状柱形图和四级产品销售趋势折线和簇状柱形图。切片器包括部门、业务员、分析项目。

如果上述模型文件已关闭，先运行 Power BI，打开上述模型文件，再执行以下操作。

2.4.1 复制调整报表

销售趋势分析表头、切片器与前述销售统计表页类似，可通过复制功能快速建立报表。

（1）在报表视图下，在报表“销售统计”名称上点击鼠标右键，出现快捷菜单。

（2）从快捷菜单中选择【复制页】命令，将复制该报表并自动生成一张新表页，名称为“销售统计的副本”，双击该复制表页名称，将其重命名为“销售趋势分析”。

（3）在“销售趋势分析”表页中，选中销售统计矩阵，按 <delete> 键将其删除。

（4）设置完毕，保存文件。

2.4.2 制作趋势分析可视化图表

1. 总体销售趋势折线图

（1）在可视化窗格中单击折线图图标，画布自动出现折线图。

（2）在字段列表中选择“Calendar”表的“年度”字段，将其拖动到可视化窗格中的“轴”字段处；将度量值［显示内容］拖动到可视化窗格中的“值”字段处。

（3）设置折线图格式、大小与位置。

（4）将鼠标指向该可视化对象，然后单击对象右上角的【…】按钮，出现快捷菜单，选择其中的【排序方式 | 年度】，使该图表按年度排序显示。

（5）设置年份显示顺序。将鼠标指向折线图，此时折线图右上角出现【…】按钮。单击该按钮，出现快捷菜单，选择其中的【以升序排序】命令，此时，年份轴便按照年份大小顺序显示。

（6）设置完毕，保存文件。

2. 一级产品销售趋势折线图

（1）单击选中上述制作好的折线图，按下组合键 <Ctrl> + <C> 复制该对象，再按下组合键 <Ctrl> + <V> 粘贴，即可复制出一份折线图。

（2）单击选中新复制的折线图，在可视化窗格中将其“图例”设置为“产品”表的“一级产品”字段。

（3）设置该图的格式、大小与位置。

（4）设置完毕，保存文件。

3. 二级产品销售趋势折线和簇状柱形图

（1）在画布空白处单击鼠标，然后从可视化窗格中单击选择折线和簇状柱形图，画布中自动出现折线和簇状柱形图。

（2）将其“共享轴”设置为“Calendar”表的“年份”字段，将“图例”设置为“产品”表的“二级产品”字段，将“列值”设置为度量值［显示内容］，将“行值”设置为度量值［显示内容］。

（3）将鼠标指向该可视化对象，然后单击对象右上角的【…】按钮，出现快捷菜单，

选择其中的【排序方式 | 年度】，使该图表按年度排序显示。

（4）设置年份显示顺序。将鼠标指向折线图，此时折线图右上角出现【…】按钮。单击该按钮，出现快捷菜单，选择其中的【以升序排序】命令，此时，年份轴便按照年份大小顺序显示。

（5）设置该图的格式、大小和位置。

（6）设置完毕，保存文件。

4. 三级产品销售趋势折线和簇状柱形图

（1）复制粘贴上述二级产品销售趋势折线和簇状柱形图。

（2）将其“图例”设置为“产品”表的“三级产品”字段。

（3）设置该图的格式、大小和位置。

（4）设置完毕，保存文件。

5. 四级产品销售趋势折线和簇状柱形图

（1）复制粘贴上述三级产品销售趋势折线和簇状柱形图。

（2）将其“图例”设置为“产品”表的“四级产品”字段。

（3）设置该图的格式、大小和位置。

（4）设置完毕，保存文件。

至此，销售趋势分析模型设置完毕。通过切片器选择部门、业务员和分析项目，将动态显示各年总体销售变化趋势折线图、一级产品各年销售变化趋势折线图、二级产品各年销售变化趋势折线和簇状柱形图、三级产品各年销售变化趋势折线和簇状柱形图以及四级产品（即各具体产品）各年销售变化趋势折线和簇状柱形图。

2.5　销量流向分析

本案例中，销量流向分析从客户、省、市三个维度进行，可通过切片器选择分析年份。如果上述模型文件已关闭，先运行 Power BI，打开上述模型文件，再执行以下操作。

2.5.1　设置表头 LOGO 和切片器

（1）在报表视图下，单击表页名称标签后的“+”新建表页，然后双击新建页名称标签，将其更名为“销量流向分析”。

（2）插入表头 LOGO。选中“插入”选项卡，单击功能区的【图像】按钮，选择 LOGO 文件即可。调整 LOGO 图片的大小和位置。

（3）插入表头文本。在“主页”或“插入”选项卡中，单击功能区的【文本】按钮，插入一个空白文本框，输入文本内容“销量流向分析”，设置字体颜色、字号、文本框背景色、边框等属性，调整大小与位置。

（4）在可视化窗格中单击切片器按钮插入一空白切片器。从字段列表中选中“calendar”表中的“年度”字段，将其拖动到可视化窗格中的“字段”栏处。将该切片器方向设置为“水平”，根据需要设置其他格式选项，并适当调整大小、位置。

（5）设置完毕，保存文件。

2.5.2　销量流向分析—客户

1. 销量饼图

（1）在可视化窗格中单击饼图按钮，插入饼图可视化对象。

（2）在字段列表中选择“客户”表中的“客户名称”字段，将其拖动到可视化窗格中的“图例”栏处。

（3）在字段列表中选择度量值［销量］，将其拖动到可视化窗格中的“值”字段栏处。

（4）假定只显示年购买量大于等于 30 000 件的客户。单击选中饼图，在筛选器窗格中的“销量”字段处，设置条件为“大于或等于 30 000”，然后单击【应用筛选器】按钮。

（5）调整格式选项、大小与位置。

（6）设置完毕，保存文件。

2. 滚动文字

（1）在可视化窗格中单击可视化对象最后的【…】按钮，出现快捷菜单，选择其中的“从文件导入视觉对象”。

（2）选择本案例提供的“scroller”视觉对象文件将其导入。

（3）在画布空白处单击鼠标，再单击导入的“scroller”可视化对象，将其插入画布。

（4）将该可视化对象的“Category”属性设置为“产品”表的“三级产品”字段，将“Measure Absollute”属性设置为度量值［销量］。

（5）设置选项、大小与位置。

（6）设置完毕，保存文件。

【注释】可从 http：//app. powerbi. com/visuals 下载第三方开发的视觉对象。

2.5.3　销量流向分析—省份

（1）单击选中上述制作好的饼图，按快捷键 < Ctrl > + < C >复制该对象，然后按快捷键 < Ctrl > + < V >粘贴一个对象副本。

（2）在字段列表中选择“客户”表中的“省份”字段，将其拖动到可视化窗格中的“图例”栏处。

（3）在字段列表中选择“客户”表中的“城市”字段，将其拖动到可视化窗格中的“详细信息”栏处。

（4）设置饼图大小与位置。

（5）设置完毕，保存文件。

2.5.4　销量流向分析—城市销售地图

【注释】可以利用地图可视化对象进行销售流向可视化分析，步骤如下：

（1）在画布空白处单击鼠标，然后插入地图可视化对象。

（2）将地图“位置”设置为“客户”表中的“城市”字段。

（3）将地图“大小”设置为度量值［销量］。

（4）调整地图的大小、位置。

（5）设置完毕，保存文件。

至此，销量流向分析设置完毕。通过切片器设置年份，模型将动态显示购买量超过30 000件的各客户购买量及购买百分比饼图、各省份销量地图，同时滚动显示各三级产品销量信息。

2.6 销售业绩分析

本案例中，销量业绩分析包括部门、业务员、产品维度，可通过切片器设置年份和一级产品。

2.6.1 设置表头LOGO和切片器

（1）在报表视图下，单击表页名称标签后的“+”新建表页，然后双击新建页名称标签，将其更名为“销量业绩分析”。

（2）切换到“销量流向分析”页，按下<Ctrl>键，依次单击选中表头LOGO、文本、切片器，按下组合键<Ctrl>+<C>。切换到新建的“销量业绩分析”页，按下组合键<Ctrl>+<V>，系统询问是否同步视觉对象，单击【不同步】按钮。

（3）将文本内容改为“销量业绩分析”。

（4）新增切片器，将字段设置为“产品”表中的“一级产品”，并调整格式选项、大小及位置。

（5）设置完毕，保存文件。

2.6.2 销售业绩分析—部门

（1）在可视化窗格中单击簇状条形图按钮，新增条形图可视化对象。

（2）将条形图的“轴”字段设置为表“销售部门”中的“部门名称”，将“值”字段设置为度量值［销量］。

（3）将条形图X轴单位改为“千”，将“数据标签”选项打开，调整条形图其他格式选项、大小及位置。

（4）设置完毕，保存文件。

2.6.3 销售业绩分析—业务员

（1）单击选中上述条形图，按下组合键<Ctrl>+<C>复制该视觉对象，再按下组合键<Ctrl>+<V>粘贴。

（2）用鼠标拖动新复制粘贴好的条形图调整其位置，并将其“轴”字段重新设置为“业务员”表中的“业务员名称”字段。

（3）设置完毕，保存文件。

2.6.4 销售业绩分析—产品

（1）在可视化窗格中单击可视化对象最后的【…】按钮，出现快捷菜单，选择其中的“从文件导入视觉对象”。

（2）选择本案例提供的“WordCloud”视觉对象文件将其导入。

（3）在画布空白处单击鼠标，再单击导入的“WordCloud”可视化对象，将其插入画布。将其“类别”属性设置为“产品”表中的“产品名称”字段，将属性“值”设置为度量值［销量］。

（4）切换到该视觉对象格式设置界面，在“常规”下的“分词”选项关闭。调整其他格式选项、大小及位置。

（5）编辑不同视觉对象之间的交互。切换到“格式”选项卡，再单击左上方按钮即可处于可编辑状态。单击选中一级产品切片器，再用鼠标单击文字云视觉对象右上方的⊘按钮，即可取消交互，切片器对于一级产品的设置将不会作用到文字云视觉对象上。如果想恢复交互，只需点击右上方的按钮。如果想取消编辑交互状态，再次单击按钮即可。

（6）设置完毕，保存文件。

至此，销量业绩分析模型设置完毕。通过切片器选择一级产品和年份，模型将动态显示各销售部门销量排名条形图、各业务员销量排名条形图。同时，根据选定年份，动态显示各产品销量文字云。

【注释】在画布空白处单击鼠标，然后在可视化窗格格式设置界面，可以设置页面大小、页面背景、壁纸等属性。

【思考题】

（1）如何建立表间关系？

（2）已知A表包含科目编码和科目名称两个字段，并保存了各个科目的科目编码、科目名称和父级科目编码，B表包含科目编码、月份、期初余额、借方发生额、贷方发生额、期末余额等字段，并且保存了各个末级科目的相关数据。如果想要设计一个发生余额表模型，可以选择月份，然后分层级显示各科目的期初余额、借方发生额、贷方发生额和期末余额。请说明主要设计步骤。

【上机实训】

（1）根据本章案例数据，制作产品销售额统计矩阵，要求可以选择货币单位为元、千元和万元，以产品作为行项目，以年度季度作为列项目。

（2）根据本章案例数据，制作产品城市销量地图，同时以滚动文字显示各城市销量，要求可以利用切片器选择星期一至星期日中的某一天作为筛选条件（提示：可先在日历表中新建列，利用 switch 判断日期对应中文的星期几，switch 函数的具体用法可参见第 7 章）。

第3章 应收账款可视化分析

3.1 案例概况

3.1.1 案例功能与可视化效果

本案例可从应收账款总体、各部门应收账款或者各业务员应收账款进行客户应收账款构成分析与账龄分析，可为企业应收账款管理提供精准数据支持，便于企业及时对应收账款进行催款或调整赊销政策，可视化分析效果如下。

（1）应收账款总体分析，见图3－1。

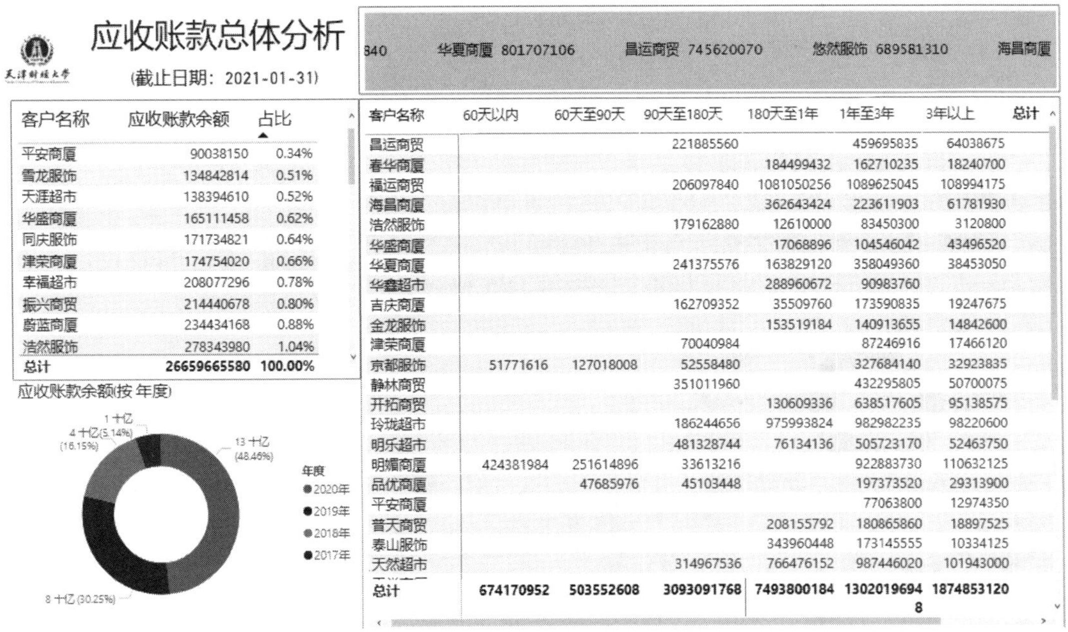

应收账款总体分析

天津财经大学

(截止日期：2021-01-31)

840　华夏商厦 801707106　昌运商贸 745620070　悠然服饰 689581310　海昌商厦

客户名称	应收账款余额	占比
平安商厦	90038150	0.34%
雪龙服饰	134842814	0.51%
天涯超市	138394610	0.52%
华盛商厦	165111458	0.62%
同庆服饰	171734821	0.64%
津荣商厦	174754020	0.66%
幸福超市	208077296	0.78%
振兴商贸	214440678	0.80%
蔚蓝商厦	234434168	0.88%
浩然服饰	278343980	1.04%
总计	26659665580	100.00%

应收账款余额(按年度)

1十亿
4十亿(5.14%)
(16.15%)
13十亿
(48.46%)
8十亿(30.25%)
年度
2020年
2019年
2018年
2017年

客户名称	60天以内	60天至90天	90天至180天	180天至1年	1年至3年	3年以上	总计
昌运商贸			221885560		459695835	64038675	
春华商厦				184499432	162710235	18240700	
福运商贸			206097840	1081050256	1089625045	108994175	
海昌商厦				362643424	223611903	61781930	
浩然服饰			179162880	12610000	83450300	3120800	
华盛商厦				17068896	104546042	43496520	
华夏商厦			241375576	163829120	358049360	38453050	
华鑫超市				288960672	90983760		
吉庆商厦			162709352	35509760	173590835	19247675	
金龙服饰				153519184	140913655	14842600	
津荣商厦			70040984		87246916	17466120	
京都服饰	51771616	127018008	52558480		327684140	32923835	
静林商贸			351011960		432295805	50700075	
开拓商贸				130609336	638517605	95138575	
玲珑超市			186244656	975993824	982982235	98220600	
明乐超市			481328744	76134136	505723170	52463750	
明媚商厦	424381984	251614896	33613216		922883730	110632125	
品优商厦		47685976	45103448		197373520	29313900	
平安商厦					77063800	12974350	
普天商贸				208155792	180865860	18897525	
泰山服饰				343960448	173145555	10334125	
天然超市			314967536	766476152	987446020	101943000	
总计	674170952	503552608	3093091768	7493800184	13020196948	1874853120	

图3－1 应收账款总体分析

（2）应收账款部门分析，见图3－2。

（3）应收账款业务员分析，见图3－3。

图 3-2　应收账款部门分析

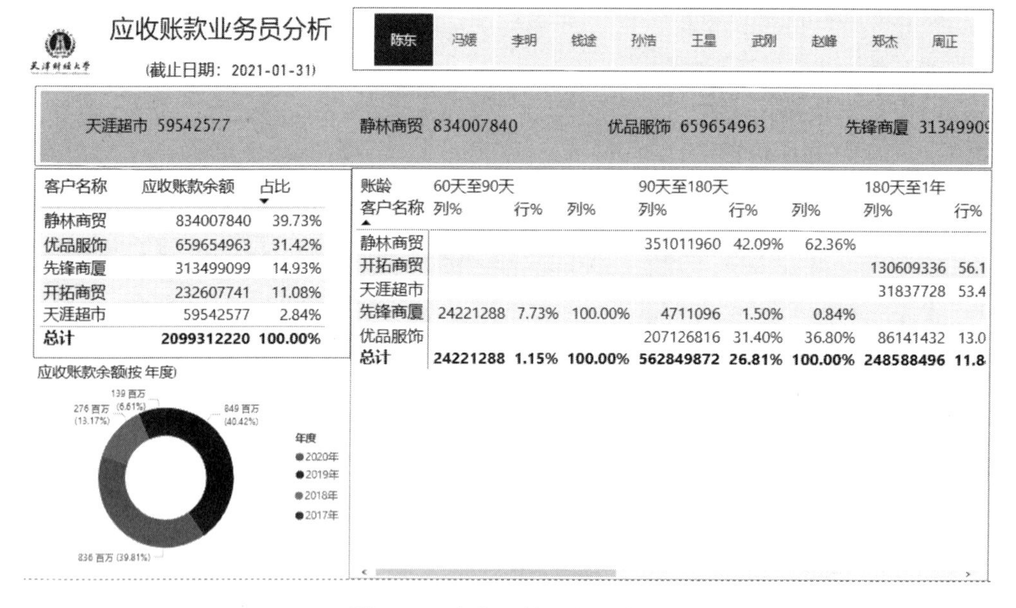

图 3-3　应收账款业务员分析

3.1.2　案例数据

本案例沿用第 2 章案例资料。在企业 ERP 系统中，客户付款时按发票核销，因而导出的销售数据表已记录各发票的已收款信息，表中余额为发票金额减去已收款金额，即应收账款余额。本案例包括应收账款总体分析、应收账款部门分析、应收账款业务员分析三个模型。在应收账款总体分析模型中，动态显示各客户应收账款余额表及占比、各年度应收账款占比、各客户应收账款账龄分布。在应收账款部门分析模型中，根据选定的销售部门，动态显示该部门各客户应收账款余额及占比、各年度应收账款占比、各客户应收账款账龄分布及占比。在应收账款业务员分析模型中，根据选定的业务员，动态显示该业务员各客户应收账款余额及占比排序、各年度应收账款占比、各客户应收账款账龄分布及占比。

3.2　建模准备

3.2.1　导入数据

导入本案例数据的步骤如下：

（1）运行 Power BI Desktop，新建一个文件。

（2）在【主页】选项卡中单击按钮，出现“打开”对话框。

（3）在该对话框中，选择本案例提供的 Excel 数据文件“应收账款可视化分析案例数据 . xlsx”，然后单击【打开】按钮，出现“导航器”对话框。

（4）在该对话框中左侧列表中依次单击选中各工作表，因为需要将各表涉及的编码字段改为“文本”类型，在此单击【转换数据】按钮，进入 Power Query 编辑器窗口。如果数据源无须转换操作，在此直接单击【加载】按钮即可。

（5）选中“产品”表，在单击“产品编码”列，然后在功能区数据类型下拉框中将数据类型设置为“文本”，出现提示框，单击【替换当前转换】按钮即可。

（6）重复第（5）步，依次将“客户”表的“客户编码”，“销售部门”表的“部门编码”，“业务员”表的“业务员编码”，“销售数据”表的“部门编码”“业务员编码”“客户编码”“产品编码”的数据类型，均设置为“文本”类型。

（7）设置完毕，单击【关闭并应用｜关闭并应用】按钮保存并应用查询更改。

3.2.2　生成与标记日期表

1. 生成日期表

（1）切换到报表视图下的【建模】选项卡，或者数据视图下的【主页】或【表工具】选项卡，然后单击【新建表】按钮，出现公式栏。

（2）在公式栏中输入以下定义新表的公式，公式输入完毕后，按 <回车> 键或用鼠标单击公式前的【√】按钮保存公式，即可自动生成表“Calendar”。

```
Calendar =
generate (
calendarauto ( ),
VAR currentdate = [date]
VAR year = year (currentdate)
```

```
VAR quarter = QUARTER (currentdate)
var month = format (currentdate,"MM")
var day = day (currentdate)
var weekid = weekday (currentdate)
return row (
"年度", year&"年",
"季度", quarter&"季度",
"月份", month&"月",
"日", day,
"年度季度", year&"Q"&quarter,
"年度月份", year&month,
"星期几", weekid
))
```

2. 标记日期表

可将以上生成的“Calendar”表标记为“日期表”，系统将对其数据进行自动校验，方法如下：

（1）在“字段”窗格右键单击“日期表”，出现快捷菜单。

（2）选择快捷菜单中的“标记为日期表 | 标记为日期表”，出现对话框。

（3）在对话框中选择“date”列，系统即可自动对该列进行数据验证。

3.2.3　设置账龄表

（1）在报表视图模式下，单击【主页】选项卡中的【输入数据】按钮，出现创建表对话框。

（2）双击列名“列 1”，将其重命名为“序号”。

（3）单击“*”列，可新增一列，再双击列名，将其重命名为“账龄”。

（4）根据表 3－1，依次输入各行序号和账龄。

表 3－1　　账龄区间

序号	账龄
1	60 天以内
2	60～180 天
3	180 天～1 年
4	1～3 年
5	3 年以上

（5）将表名设置为“账龄区间”。

（6）单击【加载】按钮即可创建新表。

3.2.4　设置日期参数

本案例数据日期范围为 2007 年 1 月 1 日至 2020 年 12 月 31 日，为了便于后续模型使用，在此设置截止日期参数以进行账龄分析。当然，实务中可以根据系统当前日期来自动计算账龄。

（1）在报表视图模式下，单击“主页”选项卡中的【输入数据】按钮，出现创建表对话框。

（2）双击列名“列 1”，将其重命名为“截止日期”。

（3）输入第一条记录字段值“2021 -1 -31”。

（4）在表名文本框输入“日期参数”。

（5）单击【加载】按钮即可创建新表。

至此，建模准备完毕，保存文件。

3.2.5　生成应收账款数据

1. 新建应收账款数据表

在此，我们利用新建表功能生成单独的一张应收账款数据表，数据来源于销售数据表，包括日期、部门编码、业务员编码、客户编码和余额等字段。

（1）在报表视图下选择“建模”选项卡，或者在数据视图下选择“主页”或“表工具”选项卡，然后在功能区中单击【新建表】按钮。

（2）在公式栏输入以下公式，然后按回车键保存。

```
应收账款 = SUMMARIZE（'销售数据',
'销售数据'［日期］,'销售数据'［部门编码］,'销售数据'［业务员编码］,'销售数据'［客户编码］,"余额", sum（'销售数据'［余额］）
）
```

【注释】 SUMMARIZE（<表>，<现有列的限定名称>［，<现有列的限定名称>］…［，<汇总列名称>，<表达式>］…），用于返回一张表，该表包含现有列的限定名称、参数的选定列和由名称参数设计的汇总列，其中表达式针对每一行上下文分别计算。

2. 新建账龄列

如果应收账款余额为 0，则账龄为空即可，否则需要计算账龄。账龄天数为日期参数设定的截止日减去应收账款发生日期，再根据设定的账龄区间判断每笔应收账款实际账龄区间。

（1）在“字段”窗格中选中表“应收账款”。

（2）在报表视图下选择“建模”选项卡或“表工具”选项卡，或者在数据视图下选择“主页”或“表工具”选项卡，然后在功能区中单击【新建列】按钮。

（3）在公式栏输入以下公式，然后按回车键保存。

```
账龄 =
var ye = '应收账款'［余额］
var zl = max（'日期参数'［截止日期］）- '应收账款'［日期］
```

```
var zl2 = switch (true (),
            ye = 0, "",
            zl < = 60, "60 天以内",
            zl < = 90, "60 天至 90 天",
            zl < = 180, "90 天至 180 天",
            zl < = 360, "180 天至 1 年",
            zl < = 1080, "1 年至 3 年",
            z > 1080, "3 年以上")
return zl2
```

3.2.6 建立关系

在此，手动建立“应收账款”与“Calendar”“部门”“业务员”“客户”等表的关系。

（1）在模型视图下，单击【管理关系】按钮，进入管理关系对话框。

（2）在该对话框中单击【新建】按钮，如图 3－4 所示。依次选中表“应收账款”的“日期”列、表“Calendar”的“date”列，再单击【确定】按钮，便在“应收账款”与“Calendar”表间建立了关系。

图 3－4　新建表“应收帐款”与表“Calendar”的关系

（3）重复第（2）步，依次建立‘应收账款’[部门编码] 与‘部门’[部门编码]、‘应收账款’[业务员编码] 与‘业务员’[业务员编码]、‘应收账款’[客户编码] 与‘客户’[客户编码]、‘应收账款’[账龄] 与‘账龄区间’[账龄] 之间的关系。

（4）所有关系建立完毕，关闭管理关系对话框。

3.3　应收账款总体分析

3.3.1　设置 LOGO 和表头文本

1. 设置 LOGO

运行 Power BI，打开上述文件，进行以下操作。

（1）双击“第 1 页”页标签，将其重命名为“应收账款总体分析”。

（2）选择“插入”选项卡，单击【图像】按钮，出现“打开”对话框。

（3）选择 LOGO 图片文件，然后单击【打开】按钮，即可插入 LOGO 图片。

（4）调整 LOGO 图片的大小与位置。

2. 设置表头文本

表头文本为“应收账款总体分析”，同时显示“截止日期：XXXX - XX - XX”，具体截止日期需要从“日期参数”表获取。

（1）在“插入”选项卡中，单击【文本框】按钮，新建一个空白文本框，输入文本内容“应收账款总体分析”。选中文本内容，在出现的工具栏中设置字号为 32，单击“A”下拉框设置字体颜色为蓝色，单击【B】按钮加粗文字。

（2）在“主页”或“建模”选项卡中，单击【新建度量值】命令，建立以下度量值：

日期参数 = format（lastdate（'日期参数'［截止日期］),"YYYY - MM - DD"）

（3）继续单击【新建度量值】命令，新建以下度量值：

表头日期 = CONCATENATE（"(截止日期:"，［日期参数］&")"）

（4）在可视化窗格中单击卡片视觉对象图标123，插入一个卡片，将卡片的“字段”属性值设置为度量值［表头日期］。

（5）继续在可视化窗格中，单击按钮切换到格式设置状态。在“数据标签”选项下，设置颜色为蓝色，“文本大小”设置为 16；将“类别标签”选项关闭。

（6）调整卡片的大小与位置。

（7）设置完毕，保存文件。

3.3.2　新建应收账款度量值

在报表视图下，在“主页”或“建模”选项卡中，单击【新建度量值】命令，出现新建度量值公式栏，输入以下公式然后按 <回车> 键，或者单击公式栏前的【√】按钮确认。

应收账款余额 = sum（'应收账款'［余额］)

3.3.3　应收账款余额表

（1）在可视化窗格中单击表视觉对象图标，新增一个空白表。

（2）分别将“客户”表中的“客户名称”字段、度量值［应收账款余额］、度量值［应收账款余额］拖动到该表的“值”字段处，该表将显示这三列数据。

（3）在上述“值”字段中右键单击最后一个值“应收账款余额”，出现快捷菜单，选择其中的【将值显示为｜占总计的百分比】。

（4）再次在上述“值”字段中右键单击最后一个值“应收账款余额”，出现快捷菜单，选择其中的【针对此视觉对象重命名】，将其重命名为“占比”。

（5）在筛选器窗格中，将“应收账款余额”显示条件设置为“大于0”，单击【应用筛选器】使得过滤条件生效。

（6）在筛选器窗格中，将“占比”显示条件设置为“大于0”，单击【应用筛选器】使得过滤条件生效。

（7）将光标指向该表，然后单击其右上角的【…】按钮，出现快捷菜单，选择其中的【排序方式｜占比】，表格将按“占比”排序。

（8）将光标指向该表，然后单击其右上角的【…】按钮，出现快捷菜单，选择其中的【以降序排序】，表格将按占比降序排序，占比大的客户应收账款数据将先显示。

（9）在可视化窗格中，单击按钮切换到格式设置状态。将“边框”选项打开；在“值”选项下，将“文本大小”设置为12；将“标题”选项关闭；将“边框”选项打开。

（10）调整表格大小与位置。

（11）设置完毕，保存文件。

3.3.4 各年度应收账款占比分析

（1）在可视化窗格中单击环图视觉对象图标，新增一个环图。

（2）将“Calendar”表中的“年度”字段拖动到可视化窗格的“图例”字段处，度量值［应收账款余额］拖动到可视化窗格的“值”字段处。

（3）调整环图的大小与位置。

（4）设置完毕，保存文件。

3.3.5 应收账款余额的滚动显示

（1）在可视化窗格中单击可视化对象最后的【…】按钮，出现快捷菜单，选择其中的“从文件导入视觉对象”。

（2）选择本案例提供的“scroller”视觉对象文件将其导入。

（3）在画布空白处单击鼠标，再单击导入的“scroller”可视化对象，将其插入画布。

（4）将该可视化对象的“Category”属性设置为“客户”表的“客户名称”字段，将“Measure Absolute”属性设置为度量值［应收账款余额］。

（5）在可视化窗格中，单击按钮切换到格式设置状态。将“标题”选项关闭；将“边框”选项打开；在“scroller”选项下，将“font size”设置为16，将“scroll speed”设置为1，将“background color”设置为浅蓝色。

（6）调整该视觉对象的大小与位置。

（7）设置完毕，保存文件。

3.3.6　应收账款账龄分析

（1）在画布空白处单击鼠标，在可视化窗格中单击矩阵视觉对象图标，新增一个空白矩阵。

（2）将“客户”表中的“客户名称”字段拖动到该视觉对象的“行”字段处，将“账龄区间”表中的“账龄”字段拖动到该视觉对象的“列”字段处，将度量值［应收账款余额］拖动到该表的“值”字段处。

（3）此时的账龄显示顺序并非我们预定的账龄顺序，需要重新排序。在字段列表中选中表“账龄区间”中的“账龄”字段，再单击功能区的【按列排序｜序号】命令，此时各列账龄即可按正常顺序显示了。

（4）在可视化窗格中，单击按钮切换到格式设置状态。在“列标题”选项下，将“文本大小”设置为12；在“行标题”选项下，将“文本大小”设置为12；在“值”选项下，将“文本大小”设置为12。

（5）调整矩阵各栏宽度、大小与位置。

（6）设置完毕，保存文件。

3.4　应收账款部门分析

3.4.1　设置LOGO和表头文本

运行Power BI，打开上述文件，然后进行以下操作。

1. 设置LOGO

（1）在报表视图下，单击页名称标签处的【＋】按钮，插入新的一页，双击页名，将其重命名为“应收账款部门分析”。

（2）选择“插入”选项卡，单击【图像】按钮，出现“打开”对话框。

（3）选择LOGO图片文件，然后单击【打开】按钮，即可插入LOGO图片。

（4）调整LOGO图片的大小与位置。

2. 设置表头文本

表头文本为“应收账款部门分析”，同时显示“截止日期：XXXX－XX－XX”，具体截止日期需要从“日期参数”表获取。

（1）在“插入”选项卡中，单击【文本框】按钮，新建一个空白文本框，输入文本内容“应收账款部门分析”。选中文本内容，在出现的工具栏中设置字号为32，单击“A”下拉框设置字体颜色为蓝色，单击【B】按钮加粗文字。

（2）在视化窗格中单击卡片视觉对象图标，插入一个卡片，将卡片的“字段”属性值设置为度量值［表头日期］。

（3）在可视化窗格中，单击按钮切换到格式设置状态。在“数据标签”选项下，设置颜色为蓝色，“文本大小”设置为16；将“类别标签”选项关闭。

（4）调整卡片大小与位置。

（5）设置完毕，保存文件。

3.4.2 设置切片器

（1）在画布空白处单击鼠标。

（2）在可视化窗格中，单击切片器按钮，画布中自动出现切片器。

（3）在右侧字段列表中，选择“销售部门”表下的“部门名称”字段，按下鼠标左键将其拖动到可视化窗格中的“字段”框处。

（4）在可视化窗格中，单击按钮，切换到“格式”状态。

（5）单击展开“常规”选项，将“方向”参数设置为“水平”。

（6）单击展开“选择控件”选项，将“单项选择”打开。

（7）将“切片器标头”选项关闭。

（8）在“项目”选项下，设置项目的“文本大小”为12。

（9）将“边框”选项打开。

（10）设置完毕，保存文件。

3.4.3 应收账款余额表

（1）在可视化窗格中单击表视觉对象图标，新增一个空白表。

（2）分别将“客户”表中的“客户名称”字段、度量值［应收账款余额］、度量值［应收账款余额］拖动到该表的“值”字段处，该表将显示这三列数据。

（3）在上述“值”字段中右键单击最后一个值“应收账款余额”，出现快捷菜单，选择其中的【将值显示为｜占总计的百分比】。

（4）再次在上述“值”字段中右键单击最后一个值“应收账款余额”，出现快捷菜单，选择其中的【针对此视觉对象重命名】，将其重命名为“占比”。

（5）在筛选器窗格中，将“应收账款余额”显示条件设置为“大于0”，单击【应用筛选器】使得过滤条件生效。

（6）在筛选器窗格中，将“占比”显示条件设置为“大于0”，单击【应用筛选器】使得过滤条件生效。

（7）将光标指向该表，然后单击其右上角的【…】按钮，出现快捷菜单，选择其中的【排序方式｜占比】，表格将按“占比”排序。

（8）将光标指向该表，然后单击其右上角的【…】按钮，出现快捷菜单，选择其中的【以降序排序】，表格将按占比降序排序，占比大的客户应收账款数据将先显示。

（9）在可视化窗格中，单击按钮切换到格式设置状态。将“边框”选项打开；在“值”选项下，将“文本大小”设置为12；将“标题”选项关闭；将“边框”选项打开。

（10）调整表格大小与位置。

（11）设置完毕，保存文件。

3.4.4　各年度应收账款占比分析

（1）在可视化窗格中单击环图视觉对象图标，新增一个环图。

（2）将“Calendar”表中的“年度”字段拖动到可视化窗格的“图例”字段处，度量值［应收账款余额］拖动到可视化窗格的“值”字段处。

（3）调整环图的大小与位置。

（4）设置完毕，保存文件。

3.4.5　应收账款余额的滚动显示

（1）在画布空白处单击鼠标，单击导入的“scroller”可视化对象，将其插入画布。

（2）将该可视化对象的“Category”属性设置为“客户”表的“客户名称”字段，将“Measure Absolute”属性设置为度量值［应收账款余额］。

（3）在可视化窗格中，单击按钮切换到格式设置状态。将“标题”选项关闭；将“边框”选项打开；在“scroller”选项下，将“font size”设置为 16，将“scroll speed”设置为 1，将“background color”设置为浅蓝色。

（4）调整该视觉对象的大小与位置。

（5）设置完毕，保存文件。

3.4.6　应收账款账龄分析

（1）在画布空白处单击鼠标，在可视化窗格中单击矩阵视觉对象图标，新增一个空白矩阵。

（2）将“客户”表中的“客户名称”字段拖动到该视觉对象的“行”字段处，将“账龄区间”表中的“账龄”字段拖动到该视觉对象的“列”字段处，将度量值［应收账款余额］拖动到该表的“值”字段处。

（3）将度量值［应收账款余额］拖动到该表的“值”字段处；在该值字段上单击右键，然后选择快捷菜单中的【将值显示为 | 行汇总的百分比】；在该值字段上双击鼠标，将其重命名为“行%”。

（4）将度量值［应收账款余额］拖动到该表的“值”字段处；在该值字段上单击右键，然后选择快捷菜单中的【将值显示为 | 列汇总的百分比】；在该值字段上双击鼠标，将其重命名为“列%”。

（5）此时的账龄显示顺序并非我们预定的账龄顺序，需要重新排序。在字段列表中选中表“账龄区间”中的“账龄”字段，再单击功能区的【按列排序 | 账龄】命令，此时各列账龄即可按正常顺序显示了。

（6）在可视化窗格中，单击按钮切换到格式设置状态。在“列标题”选项下，将“文本大小”设置为 12；在“行标题”选项下，将“文本大小”设置为 12；在“值”选项下，将“文本大小”设置为 12。

（7）调整矩阵各栏宽度、大小与位置。

（8）设置完毕，保存文件。

3.5　应收账款业务员分析

应收账款业务员分析与部门分析的差别仅仅在于报表标题与切片器的不同，因此，可通过复制“应收账款部门分析”页，再对页名、标题文本、切片器进行相应调整即可快速完成报表制作。

运行 Power BI，打开上述文件，然后进行以下操作。

（1）在报表视图下，在上述应收账款部门分析报表名称标签上单击鼠标右键，在快捷菜单中选择【复制页】，此时自动复制出一份报表副本，双击副本页名，将其重命名为“应收账款业务员分析”。

（2）将报表标题调整为“应收账款业务员分析”。

（3）单击选中部门切片器，在可视化窗格中将其原字段“部门名称”删除，再将“业务员”表中的“业务员名称”拖动到该字段栏处。

（4）设置完毕，保存文件。

【思考题】

（1）如何根据销售数据表生成产品销量汇总表，以统计每种产品各年销量。

（2）简述计算应收账款账龄的步骤。

【上机实训】根据本章案例数据，设计以下模型：

（1）制作饼图，进行应收账款占比分析，要求以客户作为图例，以年份季度为切片器。

（2）制作矩阵，进行账龄及占比分析，要求以客户作为行项目，账龄区间作为列项目，以年份为切片器。账龄区间包括90天以内、90～180天、180天至1年、1年以上。

第4章 销售预算可视化分析

4.1 案例概况

4.1.1 案例功能与可视化效果

本案例可针对各部门，从产品层级视角对实际销量与预算销量的差异及差异率进行分析，也可以针对特定部门、年份对任意产品类别预算执行情况进行分析，还可以对预算执行进度进行直观的可视化分析，便于企业及时了解销售预算执行情况，为销售决策或销售预算提供精准数据支持，可视化分析效果如下。

（1）产品层级预算差异分析，如图4－1所示。

年度	2017年				2018年				2019年				2020年				总计
一级产品	实际销量	预算销量	差异	差异率	实际销量	预算销量	差异	差异率	实际销量	预算销量	差异	差异率	实际销量	预算销量	差异	差异率	实际销量
男式	545200	289575	255625	88.28%	570533	347490	223043	64.19%	620468	382160	238308	62.36%	629493	420290	209203	49.78%	2365694
男式/短袖	259478	129675	129803	100.10%	258268	155610	102658	65.97%	291712	171130	120582	70.46%	281877	188180	93697	49.79%	1091335
男式/短袖/白色	141209	67275	73934	109.90%	144932	80730	64202	79.53%	160665	88770	71895	80.99%	160329	97620	62709	64.24%	607135
男式/短袖/白色/L	24385	11700	12685	108.42%	25319	14040	11279	80.33%	27792	15440	12352	80.00%	28195	16980	11215	66.05%	105691
男式/短袖/白色/M	24255	11700	12555	107.31%	25126	14040	11086	78.96%	27512	15440	12072	78.19%	27862	16980	10882	64.09%	104755
男式/短袖/白色/S	23292	11700	11592	99.08%	23896	14040	9856	70.20%	26284	15440	10844	70.23%	26323	16980	9343	55.02%	99795
男式/短袖/白色/XL	24220	10725	13495	125.83%	24887	12870	12017	93.37%	27671	14150	13521	95.55%	27654	15560	12094	77.72%	104432
男式/短袖/白色/XXL	23569	10725	12844	119.76%	24263	12870	11393	88.52%	27000	14150	12850	90.81%	26875	15560	11315	72.72%	101707
男式/短袖/白色/XXXL	21488	10725	10763	100.35%	21441	12870	8571	66.60%	24406	14150	10256	72.48%	23420	15560	7860	50.51%	90755
男式/短袖/蓝色	118269	62400	55869	89.53%	113336	74880	38456	51.36%	131047	82360	48687	59.11%	121548	90560	30988	34.22%	484200
男式/短袖/蓝色/L	18891	11700	7191	61.46%	17673	14040	3633	25.88%	20579	15440	5139	33.28%	18715	16980	1735	10.22%	75858
男式/短袖/蓝色/M	15927	9750	6177	63.35%	16173	11700	4473	38.23%	17317	12870	4447	34.55%	16843	14150	2693	19.03%	66260
男式/短袖/蓝色/S	16213	9750	6463	66.29%	16863	11700	5163	44.13%	17508	12870	4638	36.04%	17703	14150	3553	25.11%	68287
男式/短袖/蓝色/XL	18665	11700	6965	59.53%	17849	14040	3809	27.13%	20472	15440	5032	32.59%	18936	16980	1956	11.52%	75922
男式/短袖/蓝色/XXL	24026	9750	14276	146.42%	21871	11700	10171	86.93%	27254	12870	14384	111.76%	24028	14150	9878	69.81%	97179
男式/短袖/蓝色/XXXL	24547	9750	14797	151.76%	22907	11700	11207	95.79%	27917	12870	15047	116.92%	25323	14150	11173	78.96%	100694
男式/长袖	285722	159900	125822	78.69%	312265	191880	120385	62.74%	328756	211030	117726	55.79%	347616	232110	115506	49.76%	1274359
男式/长袖/白色	143994	81900	62094	75.82%	154929	98280	56649	57.64%	165278	108090	57188	52.91%	172541	118890	53651	45.13%	636742
男式/长袖/白色/L	25176	14625	10551	72.14%	26628	17550	9078	51.73%	28847	19305	9542	49.43%	29737	21230	8507	40.07%	110388
男式/长袖/白色/M	26317	14625	11692	79.95%	27731	17550	10181	58.01%	30308	19305	11003	57.00%	31114	21230	9884	46.56%	115470
男式/长袖/白色/S	26130	14625	11505	78.67%	27606	17550	10056	57.30%	30548	19305	11243	58.24%	31333	21230	10103	47.59%	115617
男式/长袖/白色/XL	22712	12675	10037	79.19%	25136	15210	9926	65.26%	25875	16725	9150	54.71%	27802	18400	9402	51.10%	101525
男式/长袖/白色/XXL	21878	12675	9203	72.61%	23896	15210	8686	57.11%	24875	16725	8150	48.73%	26254	18400	7854	42.68%	96903
男式/长袖/白色/XXXL	21781	12675	9106	71.84%	23932	15210	8722	57.34%	24825	16725	8100	48.43%	26301	18400	7901	42.94%	96839
男式/长袖/蓝色	141728	78000	63728	81.70%	157336	93600	63736	68.09%	163478	102940	60538	58.81%	175075	113220	61855	54.63%	637617
总计	1133607	646425	487182	75.37%	1157456	775710	381746	49.21%	1288930	853160	435770	51.08%	1280691	938285	342406	36.49%	4860684

图4－1 产品层级预算差异分析

（2）产品类别预算差异分析，如图4－2所示。

（3）销量预算进度分析，如图4－3所示。

图 4－2　产品类别预算差异分析

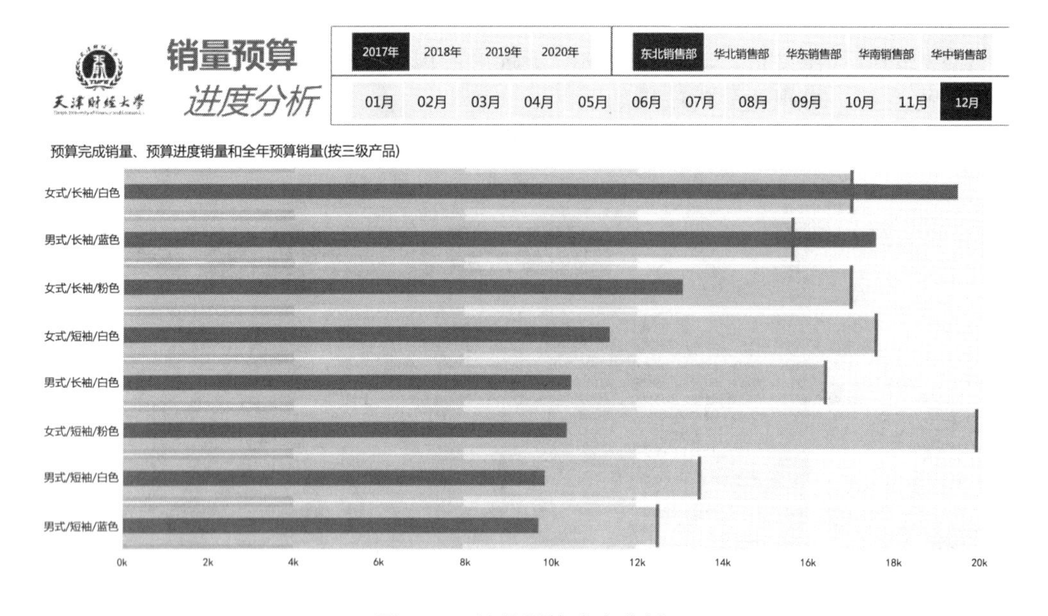

图 4－3　销量预算进度分析

4.1.2　案例数据

本案例在第 2 章销售可视化分析案例资料的基础上，新增销售预算数据。销售预算数据涉及 2017～2020 年，按不同年度不同销售部门针对每种产品设定销量预算，如表 4－1 所示。本案例包括产品层级销量预算分析、产品类别预算差异分析和销量预算进度分析。产品层级销量预算分析，根据选择的部门按产品层级动态显示各年实际销量、预算销量、差异及差异率。产品类别预算差异分析，根据设置的部门、年份以及产品类别，动态显示当前一级产品分类、二级产品分类和三级产品分类的实际销量、预算销量、差异和差异率，以及当前部门总差异 KPI。销量预算进度分析，根据设置的部门、年度和月份，以预算常用视觉对象“bulletChartByOKViz”，从三级产品角度，动态显示截至当月的各类产品预算完成销量、预算进度销量以及全年销量预算目标，并可自动提示预算完成百分比。

表 4－1　　销量预算

年份	销售部门	产品编码	销量预算
2017	01	1010101	1 950
2017	01	1010102	1 950
……	……	……	……
2018	05	1020101	1 872
2018	05	1020102	1 872
……	……	……	……
2019	05	2010104	2 402
2019	05	2010105	2 402
……	……	……	……
2020	05	2020204	3 208
2020	05	2020205	3 208
……	……	……	……

4.2　建模准备

4.2.1　导入数据

导入本案例数据的步骤如下：

（1）运行 Power BI Desktop，新建一个文件。

（2）在【主页】选项卡中单击按钮，出现“打开”对话框。

（3）在该对话框中，选择本案例提供的 Excel 数据文件“销售预算可视化分析案例数据.xlsx”，然后单击【打开】按钮，出现“导航器”对话框。

（4）在该对话框中左侧列表中依次单击选中各工作表，因为需要将各表涉及的编码字段改为“文本”类型，在此单击【转换数据】按钮，进入 Power Query 编辑器窗口。如果数据源无须转换操作，在此直接单击【加载】按钮即可。

（5）选中“产品”表，在单击“产品编码”列，然后在功能区数据类型下拉框中将数据类型设置为“文本”，出现提示框，单击【替换当前转换】按钮即可。

（6）重复第（5）步，依次将“客户”表的“客户编码”，“销售部门”表的“部门编码”“业务员”表的“业务员编码”，“销售数据”表的“部门编码”“业务员编码”“客户编码”“产品编码”，“销售预算”表的“部门编码”“产品编码”等各字段的数据类型，均设置为“文本”类型。

（7）设置完毕，单击【关闭并应用 | 关闭并应用】按钮保存并应用查询更改。

（8）导入完毕，保存文件。

4.2.2 为销量预算表新增日期列

销量预算是分年度制定的，但是销量预算数据表中存储的只有 2017 年、2018 年、2019 年、2020 年这样的年份数据，无法和日期表建立关系，因此，需要手动为销量预算表新增日期列，这样才能和下文自动生成的日期表建立关系，从而才能从时间维度进行分析。

根据年份，构建当年 1 月 1 日的日期列即可，方法如下：

（1）切换到数据视图。

（2）在字段列表中选中“销售预算”表。

（3）单击功能区中的【新建列】按钮，出现定义新列的公式栏，公式如下：

```
日期 = date（'销售预算'［年份］，1，1）
```

（4）公式设置完毕，按 <回车> 键或者单击公式栏前的【√】按钮保存公式，此时便可新增“日期”列，其值为对应年份的 1 月 1 日。

（5）设置完毕，保存文件。

4.2.3 生成与标记日期表

1. 生成日期表

（1）切换到报表视图下的【建模】选项卡，或者数据视图下的【主页】或【表工具】选项卡，然后单击【新建表】按钮，出现公式栏。

（2）在公式栏中输入以下定义新表的公式，公式输入完毕后，按 <回车> 键或用鼠标单击公式前的【√】按钮保存公式，即可自动生成表“Calendar”。

```
Calendar =
generate（
calendarauto（），
VAR currentdate =［date］
VAR year = year（currentdate）
VAR quarter = QUARTER（currentdate）
var month = format（currentdate,"MM"）
var day = day（currentdate）
var weekid = weekday（currentdate）
return row（
"年度"，year&"年"，
"季度"，quarter&"季度"，
```

```
"月份", month&"月",
"日", day,
"年度季度", year&"Q"&quarter,
"年度月份", year&month,
"星期几", weekid
))
```

2. 标记日期表

可将以上生成的“Calendar”表标记为“日期表”，系统将对其数据进行自动校验，方法如下：

（1）在“字段”窗格右键单击“日期表”，出现快捷菜单。

（2）选择快捷菜单中的“标记为日期表 | 标记为日期表”，出现对话框。

（3）在对话框中选择“date”列，系统即可自动对该列进行数据验证。

（4）设置完毕，保存文件。

4.2.4　关系管理

（1）在模型视图下，单击【管理关系】按钮，进入管理关系对话框。在此，可以看到系统已自动建立了“销售数据”表与“部门”“业务员”“客户”“产品”等表的关系，以及“销售预算”表与“产品”表的关系。

（2）在该对话框中单击【新建】按钮，出现创建关系对话框，依次选中表“销售数据”的“日期”列、表“Calendar”的“date”列，然后单击【确定】按钮，即可建立两表之间的关系。

（3）重复第（2）步，依次建立‘销售预算’[日期] 与‘Calendar’[date]、‘销售预算’[销售部门] 与‘销售部门’[部门编码]、‘销售预算’[产品编码] 与‘产品’[产品编码] 间的关系。

（4）所有关系建立完毕，关闭管理关系对话框。

（5）设置完毕，保存文件。

4.2.5　设置产品层级结构

本案例中，销售预算是针对末级产品设置的，为了便于按产品层级和产品分类进行预算分析，预先建立产品层级结构。

1. 生成父级产品编码

通过分析产品编码发现，产品共分四个级次，第一级编码长度为1；第二级编码长度为3，左边第1位为其一级产品编码；第三级编码长度为5，左边前3位为其二级产品编码；第四级编码长度为7，左边前5位为其三级产品编码。由此，获取父级项目思路如下：先求出产品编码长度，以及各产品编码前1位、前3位、前5位，然后根据编码长度分别取前1位（对于一级产品和二级产品）、前3位（对于三级产品）、前5位（对于四级产品）作为其父级产品。

在第2章，我们利用查询编辑器生成父级产品编码，在此，我们通过另外一种方法，利用新建列和 DAX 函数生成父级产品编码。

（1）在报表视图下，从字段列表中选中“产品”表，然后在“建模”选项卡或“表工具”选项卡中单击【新建列】按钮；或者，在数据视图下，从字段列表中选中“产品”表，然后在“主页”选项卡或“表工具”选项卡中单击【新建列】按钮。执行上述操作后，出现公式栏。

（2）在公式栏输入以下公式：

```
父级产品编码 = switch（len（'产品'［产品编码］），
                    1，left（'产品'［产品编码］，1），
                    3，left（'产品'［产品编码］，1），
                    5，left（'产品'［产品编码］，3），
                    7，left（'产品'［产品编码］，5））
```

（3）输入完毕，按回车键或者单击公式栏中的【√】按钮保存公式，在“产品”表中自动添加“父级产品编码”列，并自动计算填充相关数据。

【注释】 Len 函数用于返回指定文本的长度；Left 函数用于返回指定文本左侧开始的若干字符。

2. 新建父级产品名称列

（1）在报表视图下，从字段列表中选中“产品”表，然后在“建模”选项卡或“表工具”选项卡中单击【新建列】按钮；或者，在数据视图下，从字段列表中选中“产品”表，然后在“主页”选项卡或“表工具”选项卡中单击【新建列】按钮。执行上述操作后，出现公式栏。

（2）在公式栏中，输入以下公式：

父级产品名称 = LOOKUPVALUE（'产品'［产品名称］,'产品'［产品编码］,'产品'［父级产品编码］）

（3）输入完毕，按回车键或者单击公式栏中的【√】按钮保存公式，在“产品”表中自动添加“父级产品名称”列，并自动计算填充相关数据。

3. 建立产品名称表示的产品层级列

（1）在报表视图下，从字段列表中选中“产品”表，然后在“建模”选项卡或“表工具”选项卡中单击【新建列】按钮；或者，在数据视图下，从字段列表中选中“产品”表，然后在“主页”选项卡或“表工具”选项卡中单击【新建列】按钮。执行上述操作后，出现公式栏。

（2）在公式栏中，输入以下公式：

产品层级 = path（'产品'［产品名称］,'产品'［父级产品名称］）

（3）输入完毕，按回车键或者单击公式栏中的【√】按钮保存公式，在“产品”表中自动添加“产品层级”列，并自动计算填充相关数据。

4. 新建各级产品名称列

利用“新建列”功能，在“产品”表中新建“一级产品”“二级产品”“三级产品”“四级产品”四个字段，公式分别如下：

一级产品 = pathitem（'产品'［产品层级］，1）

```
二级产品 = if (pathitem ('产品' [产品层级], 2) = BLANK (),
                   pathitem ('产品' [产品层级], 1),
                   pathitem ('产品' [产品层级], 2)
                   )
三级产品 = if (pathitem ('产品' [产品层级], 3) = BLANK (),
                   if (pathitem ('产品' [产品层级], 2) = BLANK (),
                       pathitem ('产品' [产品层级], 1),
                       pathitem ('产品' [产品层级], 2)),
                   pathitem ('产品' [产品层级], 3)
                   )
四级产品 = if (pathitem ('产品' [产品层级], 4) = BLANK (),
                   if (pathitem ('产品' [产品层级], 3) = BLANK (),
                        if (pathitem ('产品' [产品层级], 2) = BLANK (),
                            pathitem ('产品' [产品层级], 1),
                            pathitem ('产品' [产品层级], 2)),
                        pathitem ('产品' [产品层级], 3)),
                   pathitem ('产品' [产品层级], 4))
```

5. 新建产品级次列

利用新建列功能在“产品”表中，新建“产品所属级次”列，其公式如下：

产品级次 = pathlength ('产品' [产品层级])

6. 新建产品层次结构

(1) 在字段栏选择“产品”数据表，在“一级产品”字段上单击鼠标右键出现快捷菜单，选择快捷菜单中的“新的层次结构”，此时在该表中自动生成名为“一级产品 层次结构”的层次结构。

(2) 双击该层次结构名称，将其重命名为“产品层次结构”。

(3) 用鼠标将“二级产品”字段拖拽到“产品层次结构”上，释放鼠标，完成二级产品的添加。

(4) 用鼠标将“三级产品”字段拖到“产品层次结构”上，释放鼠标，完成三级产品的添加。

(5) 用鼠标将“四级产品”字段拖到“产品层次结构”上，释放鼠标，完成四级产品的添加。

经过以上设置，“产品层次结构”包含“一级产品”“二级产品”“三级产品”“四级产品”共四级层次结构，可用于后续的产品层次维度分析。

7. 是否被各级次筛选度量值

(1) 在报表视图下的“建模”选项卡下，或者在数据视图下的“主页”或“表工具”选项卡下，单击功能区【新建度量值】按钮，出现新建度量值公式栏。

(2) 在公式栏中输入以下公式：是否被一级产品筛选 = ISFILTERED ('产品' [一级产品])，然后按 <回车> 键或者用鼠标单击公式栏前的【√】按钮保存度量值。

(3) 重复步骤 (2)，依次建立以下度量值：
是否被二级产品筛选 = ISFILTERED ('产品' [二级产品])
是否被三级产品筛选 = ISFILTERED ('产品' [三级产品])
是否被四级产品筛选 = ISFILTERED ('产品' [四级产品])

8. 产品透视深度度量值

参照上述步骤，新建“产品透视深度”度量值，其公式如下：
产品透视深度 = [是否被一级产品筛选] + [是否被二级产品筛选] + [是否被三级产品筛选] + [是否被四级产品筛选]

9. 计算产品层级最大深度度量值

参照上述步骤，新建“产品层级最大深度”度量值，其公式如下：
产品层级最大深度 = max ('产品' [产品级次])
设置完毕，保存文件。

4.3 产品层级预算差异分析

4.3.1 LOGO 与表头文本设置

运行 Power BI，打开上述文件，进行以下操作。

1. LOGO 设置

(1) 双击“第 1 页”页标签，将其重命名为“产品层级预算差异分析”。
(2) 选择“插入”选项卡，单击【图像】按钮，出现“打开”对话框。
(3) 选择 LOGO 图片文件，然后单击【打开】按钮，即可插入 LOGO 图片。
(4) 调整 LOGO 图片的大小与位置。
(5) 设置完毕，保存文件。

2. 设置表头文本

(1) 在“插入”选项卡中，单击【文本框】按钮，新建一个空白文本框。
(2) 输入文本内容“产品层级预算差异分析”。
(3) 设置文本框格式、大小与位置。
(4) 设置完毕，保存文件。

4.3.2 切片器设置

可针对各部门或所有部门进行产品销量预算分析，因此，需要设置部门切片器。
(1) 切换到“报表”视图。
(2) 在可视化窗格中，单击切片器按钮，画布中自动出现切片器。
(3) 在右侧字段列表中，选择表“部门”中的“部门名称”字段，按下鼠标左键将其拖动到可视化窗格中的“字段”框处。

（4）在可视化窗格中，单击按钮，切换到“格式”状态。

（5）单击展开“常规”选项，将“方向”参数设置为“水平”。

（6）单击展开“选择控件”选项，将“显示全选”选项打开。

（7）将“切片器标头”选项关闭。

（8）在“项目”选项下，将“文本大小”设置为 12。

（9）将“边框”选项打开。

（10）在筛选器窗格中，将“年度”字段筛选类型设置为“基本筛选”，接着选中下方的“全选”，再单击“空白”选项去除其选中状态。

（11）适当调整切片器大小与位置。

（12）设置完毕，保存文件。

4.3.3　建立度量值

（1）在报表视图下的“建模”选项卡下，或者在数据视图下的“主页”或“表工具”选项卡下，单击功能区【新建度量值】按钮，出现新建度量值公式栏，在公式栏中输入以下公式，输入完毕，按 <回车> 键或者用鼠标单击公式栏前的【√】按钮保存度量值。

实际销量 = if（[产品透视深度] > [产品层级最大深度]，BLANK（），sum（'销售数据'[数量]））

（2）重复上述操作，单击【新建度量值】按钮，定义以下度量值并保存。

预算销量 = if（[产品透视深度] > [产品层级最大深度]，BLANK（），sum（'销售预算'[销量预算]））

（3）重复上述操作，单击【新建度量值】按钮，定义以下度量值并保存。

差异 = [实际销量] - [预算销量]

（4）重复上述操作，单击【新建度量值】按钮，定义以下度量值并保存。同时，在功能区“格式”下拉框中，将该度量值类型改为“百分比”。

差异率 = divide（[差异]，[预算销量]）

（5）设置完毕，保存文件。

4.3.4　产品层级销量预算执行情况分析

运行 Power BI，打开上述文件，进行以下操作。

（1）在报表视图下，在画布空白区单击鼠标。

（2）在可视化窗格中单击矩阵视觉对象图标，插入一个空白矩阵。

（3）将“产品”表中的“产品层次结构”拖入该视觉对象的“行”字段处。

（4）将“Calendar”表中的“年度”字段拖入该视觉对象的“列”字段处。

（5）依次将度量值［实际销量］、［预算销量］、［差异］、［差异率］拖入该视觉对象的“值”字段处。

（6）调整矩阵格式、大小与位置。

（7）设置完毕，保存文件。

4.4　产品类别预算差异分析

4.4.1　设置 LOGO 与表头文本

运行 Power BI，打开上述文件，进行以下操作。

1. LOGO 设置

（1）单击页标签后的“+”新增一页，将其重命名为“产品层级预算差异分析”。

（2）选择“插入”选项卡，单击【图像】按钮，出现“打开”对话框。

（3）选择 LOGO 图片文件，然后单击【打开】按钮，即可插入 LOGO 图片。

（4）调整 LOGO 图片的大小与位置。

（5）设置完毕，保存文件。

2. 设置表头文本

（1）在“插入”选项卡中，单击【文本框】按钮，新建一个空白文本框。

（2）输入文本内容“产品类别预算差异分析”。

（3）设置文本框格式、大小与位置。

（4）设置完毕，保存文件。

4.4.2　设置切片器

本模型需要设置的切片器包括部门切片器和年度切片器。

1. 设置部门切片器

（1）切换到“报表”视图。

（2）在可视化窗格中，单击切片器按钮，画布中自动出现切片器。

（3）在右侧字段列表中，选择表“部门”中的“部门名称”字段，按下鼠标左键将其拖动到可视化窗格中的“字段”框处。

（4）在可视化窗格中，单击按钮，切换到“格式”状态。

（5）单击展开“常规”选项，将“方向”参数设置为“水平”。

（6）单击展开“选择控件”选项，将“显示全选”选项打开。

（7）将“切片器标头”选项关闭。

（8）在“项目”选项下，将“文本大小”设置为 12。

（9）将“边框”选项打开。

（10）在筛选器窗格中，将“部门”字段筛选类型设置为“基本筛选”，接着选中下方的“全选”，再单击“空白”选项去除其选中状态。

（11）适当调整切片器大小与位置。

（12）设置完毕，保存文件。

2. 年度切片器

（1）继续在可视化窗格中，单击切片器按钮，画布中自动出现切片器。

（2）在右侧字段列表中，选择表“Calendar”中的“年度”字段，按下鼠标左键将其拖动到可视化窗格中的“字段”框处。

（3）在可视化窗格中，单击按钮，切换到“格式”状态。

（4）单击展开“常规”选项，将“方向”参数设置为“水平”。

（5）单击展开“选择控件”选项，将“单项选择”选项打开。

（6）将“切片器标头”选项关闭。

（7）在“项目”选项下，将“文本大小”设置为 12。

（8）将“边框”选项打开。

（9）在筛选器窗格中，将“年度”字段筛选类型设置为“基本筛选”，接着选中下方的“全选”，再单击“空白”选项去除其选中状态。

（10）适当调整切片器大小与位置。

（11）设置完毕，保存文件。

4.4.3　设置产品类别参数

本案例中，无法直接提供产品类别切片器，可以预先设置各级产品类别参数，据此参数设置切片器，根据切片器返回值构建度量值的筛选条件，从而达到按产品类别筛选数据的目的。产品的一级分类包括男式和女式；二级分类包括长袖和短袖；三级分类包括白色、蓝色和粉色。

1. 建立一级分类辅助表

（1）在报表视图下，单击功能区的【输入数据】按钮，出现创建表对话框。

（2）双击列名，将其重命名为“分类”。

（3）在记录的第一行输入第一条记录值“男式”。

（4）继续在下一行输入第二条记录值“女式”。

（5）输入表名“一级分类”。

（6）单击【加载】按钮完成辅助表的建立。

2. 建立二级分类辅助表

（1）在报表视图下，单击功能区的【输入数据】按钮，出现创建表对话框。

（2）双击列名，将其重命名为“分类”。

（3）在记录的第一行输入第一条记录值“长袖”。

（4）继续在下一行输入第二条记录值“短袖”。

（5）输入表名“二级分类”。

（6）单击【加载】按钮完成辅助表的建立。

3. 建立三级分类辅助表

（1）在报表视图下，单击功能区的【输入数据】按钮，出现创建表对话框。

（2）双击列名，将其重命名为“分类”。

（3）在记录的第一行输入第一条记录值“白色”。

（4）继续在下一行输入第二条记录值“蓝色”。

（5）继续在下一行输入第三条记录值“粉色”。

（6）输入表名“三级分类”。

（7）单击【加载】按钮完成辅助表的建立。

【注释】以上辅助表无须和任何表建立关系。

4. 设置一级分类切片器

（1）在报表视图下，在可视化窗格中单击切片器按钮，画布中自动出现切片器。

（2）在右侧字段列表中，选择表“一级分类”中的“分类”字段，按下鼠标左键将其拖动到可视化窗格中的“字段”框处。

（3）在可视化窗格中，单击按钮，切换到“格式”状态。

（4）单击展开“常规”选项，将“方向”参数设置为“水平”。

（5）单击展开“选择控件”选项，将“单项选择”选项打开。

（6）将“切片器标头”选项关闭。

（7）在“项目”选项下，将“文本大小”设置为12。

（8）适当调整切片器大小与位置。

5. 设置二级分类切片器

（1）在报表视图下，在可视化窗格中单击切片器按钮，画布中自动出现切片器。

（2）在右侧字段列表中，选择表“二级分类”中的“分类”字段，按下鼠标左键将其拖动到可视化窗格中的“字段”框处。

（3）在可视化窗格中，单击按钮，切换到“格式”状态。

（4）单击展开“常规”选项，将“方向”参数设置为“水平”。

（5）单击展开“选择控件”选项，将“单项选择”选项打开。

（6）将“切片器标头”选项关闭。

（7）在“项目”选项下，将“文本大小”设置为12。

（8）适当调整切片器大小与位置。

6. 设置三级分类切片器

（1）在报表视图下，在可视化窗格中单击切片器按钮，画布中自动出现切片器。

（2）在右侧字段列表中，选择表“三级分类”中的“分类”字段，按下鼠标左键将其拖动到可视化窗格中的“字段”框处。

（3）在可视化窗格中，单击按钮，切换到“格式”状态。

（4）单击展开“常规”选项，将“方向”参数设置为“水平”。

（5）单击展开“选择控件”选项，将“单项选择”选项打开。

（6）将“切片器标头”选项关闭。

（7）在“项目”选项下，将“文本大小”设置为12。

（8）适当调整切片器大小与位置。

（9）设置完毕，保存文件。

4.4.4 建立度量值

根据上述产品分类切片器选择的回值构建相关度量值。

1. 选择的一级分类

（1）在报表视图下，单击功能区的【新建度量值】按钮，出现定义度量值公式栏。

（2）在公式栏中输入以下公式，然后按 <回车> 键或者单击公式栏前的【√】按钮保存度量值。

选择的一级分类 = selectedvalue（'一级分类'[分类]）

2. 选择的二级分类

（1）在报表视图下，单击功能区的【新建度量值】按钮，出现定义度量值公式栏。

（2）在公式栏中输入以下公式，然后按 <回车> 键或者单击公式栏前的【√】按钮保存度量值。

选择的二级分类 = selectedvalue（'一级分类'[分类]）&"/"& selectedvalue（'二级分类'[分类]）

3. 选择的三级分类

（1）在报表视图下，单击功能区的【新建度量值】按钮，出现定义度量值公式栏。

（2）在公式栏中输入以下公式，然后按 <回车> 键或者单击公式栏前的【√】按钮保存度量值。

选择的三级分类 = selectedvalue（'一级分类'[分类]）&"/"
& selectedvalue（'二级分类'[分类]）&"/"
& selectedvalue（'三级分类'[分类]）

4. 一级分类实际销量

（1）在报表视图下，单击功能区的【新建度量值】按钮，出现定义度量值公式栏。

（2）在公式栏中输入以下公式，然后按 <回车> 键或者单击公式栏前的【√】按钮保存度量值。

一级分类实际销量 = calculate（[实际销量],
filter（'产品','产品'[一级产品] = [选择的一级分类]））

5. 二级分类实际销量

（1）在报表视图下，单击功能区的【新建度量值】按钮，出现定义度量值公式栏。

（2）在公式栏中输入以下公式，然后按 <回车> 键或者单击公式栏前的【√】按钮保存度量值。

二级分类实际销量 = calculate（[实际销量],
filter（'产品','产品'[二级产品] = [选择的二级分类]））

6. 三级分类实际销量

（1）在报表视图下，单击功能区的【新建度量值】按钮，出现定义度量值公式栏。

（2）在公式栏中输入以下公式，然后按 <回车> 键或者单击公式栏前的【√】按钮保存度量值。

三级分类实际销量 = calculate（[实际销量],
　　filter（'产品','产品'［三级产品］=［选择的三级分类］））

7. 一级分类预算销量

（1）在报表视图下，单击功能区的【新建度量值】按钮，出现定义度量值公式栏。

（2）在公式栏中输入以下公式，然后按 <回车> 键或者单击公式栏前的【√】按钮保存度量值。

一级分类预算销量 = calculate（[预算销量],
　　filter（'产品','产品'［一级产品］=［选择的一级分类］））

8. 二级分类预算销量

（1）在报表视图下，单击功能区的【新建度量值】按钮，出现定义度量值公式栏。

（2）在公式栏中输入以下公式，然后按 <回车> 键或者单击公式栏前的【√】按钮保存度量值。

二级分类预算销量 = calculate（[预算销量],
　　filter（'产品','产品'［二级产品］=［选择的二级分类］））

9. 三级分类预算销量

（1）在报表视图下，单击功能区的【新建度量值】按钮，出现定义度量值公式栏。

（2）在公式栏中输入以下公式，然后按 <回车> 键或者单击公式栏前的【√】按钮保存度量值。

三级分类预算销量 = calculate（[预算销量],
　　filter（'产品','产品'［三级产品］=［选择的上年级分类］））

10. 一级分类差异

（1）在报表视图下，单击功能区的【新建度量值】按钮，出现定义度量值公式栏。

（2）在公式栏中输入以下公式，然后按 <回车> 键或者单击公式栏前的【√】按钮保存度量值。

一级分类差异 =［一级分类实际销量］-［一级分类预算销量］

11. 二级分类差异

（1）在报表视图下，单击功能区的【新建度量值】按钮，出现定义度量值公式栏。

（2）在公式栏中输入以下公式，然后按 <回车> 键或者单击公式栏前的【√】按钮保存度量值。

二级分类差异 =［二级分类实际销量］-［二级分类预算销量］

12. 三级分类差异

（1）在报表视图下，单击功能区的【新建度量值】按钮，出现定义度量值公式栏。

（2）在公式栏中输入以下公式，然后按 <回车> 键或者单击公式栏前的【√】按钮保存度量值。

三级分类差异 =［三级分类实际销量］-［三级分类预算销量］

13. 一级分类差异率

（1）在报表视图下，单击功能区的【新建度量值】按钮，出现定义度量值公式栏。

（2）在公式栏中输入以下公式，然后按 < 回车 > 键或者单击公式栏前的【√】按钮保存度量值。

一级分类差异率 = divide（[一级分类差异]，[一级分类预算销量]）

（3）在功能区“格式”下拉框中，将该度量值格式设置为“百分比”。

14. 二级分类差异率

（1）在报表视图下，单击功能区的【新建度量值】按钮，出现定义度量值公式栏。

（2）在公式栏中输入以下公式，然后按 < 回车 > 键或者单击公式栏前的【√】按钮保存度量值。

二级分类差异率 = divide（[二级分类差异]，[二级分类预算销量]）

（3）在功能区“格式”下拉框中，将该度量值格式设置为“百分比”。

15. 三级分类差异率

（1）在报表视图下，单击功能区的【新建度量值】按钮，出现定义度量值公式栏。

（2）在公式栏中输入以下公式，然后按 < 回车 > 键或者单击公式栏前的【√】按钮保存度量值。

三级分类差异率 = divide（[三级分类差异]，[三级分类预算销量]）

（3）在功能区“格式”下拉框中，将该度量值格式设置为“百分比”。

（4）设置完毕，保存文件。

4.4.5 建立可视化对象

1. 一级分类卡片

（1）在报表视图下，在可视化窗格单击卡片图视觉对象图标，插入一个卡片图。

（2）将度量值 [选择的一级分类] 拖动到该视觉对象的“字段”栏处。

（3）在可视化窗格，切换到格式选项卡。将“数据标签”选项下“文本大小”设置为 46，将“类别标签”选项关闭，设置背景色。

（4）调整视觉对象的大小与位置。

2. 二级分类卡片

（1）在报表视图下，在可视化窗格单击卡片图视觉对象图标，插入一个卡片图。

（2）将度量值 [选择的二级分类] 拖动到该视觉对象的“字段”栏处。

（3）在可视化窗格，切换到格式选项卡。将“数据标签”选项下“文本大小”设置为 42，将“类别标签”选项关闭，设置背景色。

（4）调整视觉对象的大小与位置。

3. 三级分类卡片

（1）在报表视图下，在可视化窗格单击卡片图视觉对象图标，插入一个卡片图。

（2）将度量值 [选择的三级分类] 拖动到该视觉对象的“字段”栏处。

（3）在可视化窗格，切换到格式选项卡。将“数据标签”选项下“文本大小”设置为 40，将“类别标签”选项关闭，设置背景色。

（4）调整视觉对象的大小与位置。

4. 一级分类实际销量卡片

（1）在报表视图下，在可视化窗格单击卡片图视觉对象图标123，插入一个卡片图。

（2）将度量值［一级分类实际销量］拖动到该视觉对象的“字段”栏处。

（3）在可视化窗格，切换到格式选项卡。在“数据标签”选项下，将“文本大小”设置为46，将“显示单位”设置为“无”，设置背景色。

5. 二级分类实际销量卡片

（1）在报表视图下，在可视化窗格单击卡片图视觉对象图标123，插入一个卡片图。

（2）将度量值［二级分类实际销量］拖动到该视觉对象的“字段”栏处。

（3）在可视化窗格，切换到格式选项卡。在“数据标签”选项下，将“文本大小”设置为42，将“显示单位”设置为“无”，设置背景色。

6. 三级分类实际销量卡片

（1）在报表视图下，在可视化窗格单击卡片图视觉对象图标123，插入一个卡片图。

（2）将度量值［三级分类实际销量］拖动到该视觉对象的“字段”栏处。

（3）在可视化窗格，切换到格式选项卡。在“数据标签”选项下，将“文本大小”设置为40，将“显示单位”设置为“无”，设置背景色。

7. 一级分类预算销量卡片

（1）在报表视图下，在可视化窗格单击卡片图视觉对象图标123，插入一个卡片图。

（2）将度量值［一级分类预算销量］拖动到该视觉对象的“字段”栏处。

（3）在可视化窗格，切换到格式选项卡。在“数据标签”选项下，将“文本大小”设置为46，将“显示单位”设置为“无”，设置背景色。

8. 二级分类预算销量卡片

（1）在报表视图下，在可视化窗格单击卡片图视觉对象图标123，插入一个卡片图。

（2）将度量值［二级分类预算销量］拖动到该视觉对象的“字段”栏处。

（3）在可视化窗格，切换到格式选项卡。在“数据标签”选项下，将“文本大小”设置为42，将“显示单位”设置为“无”，设置背景色。

9. 三级分类预算销量卡片

（1）在报表视图下，在可视化窗格单击卡片图视觉对象图标123，插入一个卡片图。

（2）将度量值［三级分类预算销量］拖动到该视觉对象的“字段”栏处。

（3）在可视化窗格，切换到格式选项卡。在“数据标签”选项下，将“文本大小”设置为40，将“显示单位”设置为“无”，设置背景色。

10. 一级分类差异卡片

（1）在报表视图下，在可视化窗格单击卡片图视觉对象图标123，插入一个卡片图。

（2）将度量值［一级分类差异］拖动到该视觉对象的“字段”栏处。

（3）在可视化窗格，切换到格式选项卡。在“数据标签”选项下，将“文本大小”设置为46，将“显示单位”设置为“无”，设置背景色。

11. 二级分类差异卡片

（1）在报表视图下，在可视化窗格单击卡片图视觉对象图标123，插入一个卡片图。

（2）将度量值［二级分类差异］拖动到该视觉对象的“字段”栏处。

（3）在可视化窗格，切换到格式选项卡。在“数据标签”选项下，将“文本大小”设置为 42，将“显示单位”设置为“无”，设置背景色。

12. 三级分类差异卡片

（1）在报表视图下，在可视化窗格单击卡片图视觉对象图标123，插入一个卡片图。

（2）将度量值［三级分类差异］拖动到该视觉对象的“字段”栏处。

（3）在可视化窗格，切换到格式选项卡。在“数据标签”选项下，将“文本大小”设置为 40，将“显示单位”设置为“无”，设置背景色。

13. 一级分类差异率卡片

（1）在报表视图下，在可视化窗格单击卡片图视觉对象图标123，插入一个卡片图。

（2）将度量值［一级分类差异率］拖动到该视觉对象的“字段”栏处。

（3）在可视化窗格，切换到格式选项卡。在“数据标签”选项下，将“文本大小”设置为 46，将“显示单位”设置为“无”，设置背景色。

14. 二级分类差异率卡片

（1）在报表视图下，在可视化窗格单击卡片图视觉对象图标123，插入一个卡片图。

（2）将度量值［二级分类差异率］拖动到该视觉对象的“字段”栏处。

（3）在可视化窗格，切换到格式选项卡。在“数据标签”选项下，将“文本大小”设置为 42，将“显示单位”设置为“无”，设置背景色。

15. 三级分类差异率卡片

（1）在报表视图下，在可视化窗格单击卡片图视觉对象图标123，插入一个卡片图。

（2）将度量值［三级分类差异率］拖动到该视觉对象的“字段”栏处。

（3）在可视化窗格，切换到格式选项卡。在“数据标签”选项下，将“文本大小”设置为 40，将“显示单位”设置为“无”，设置背景色。

16. 部门年度总差异 KPI

（1）在报表视图下，在可视化窗格单击 KPI 视觉对象图标，插入一个 KPI 视觉对象。

（2）将该 KPI“指标”属性设置为度量值［实际销量］，将“走向轴”属性设置为表“部门”的“部门名称”字段，将“目标值”属性设置为度量值［预算销量］。

（3）在可视化窗格，切换到格式选项卡。在“标题”选项下，将“标题文本”设置为“部门年度总预算差异”，将“背景色”设置为“蓝色”，将“对齐方式”为居中，将“文本大小”设置为 16。

调整各视觉对象大小与位置，设置完毕，保存文件。

4.5　销量预算进度分析

本模型用于对选定年度、月份的预算完成进度进行跟踪分析，可动态显示所选年度、月份的预算完成销量（即当年累计实际销量）、预算进度销量，并可与当年预算销量对比。本案例中，预算是按年度设置的，为了跟踪预算进度，假定预算在当年 12 个月均摊，据此计算预算进度。

4.5.1　设置 LOGO 与表头文本

运行 Power BI，打开上述文件，进行以下操作。

1. LOGO 设置

（1）单击页标签后的“+”新增一页，将其重命名为“销量预算进度分析”。

（2）选择“插入”选项卡，单击【图像】按钮，出现“打开”对话框。

（3）选择 LOGO 图片文件，然后单击【打开】按钮，即可插入 LOGO 图片。

（4）调整 LOGO 图片的大小与位置。

（5）设置完毕，保存文件。

2. 设置表头文本

（1）在“插入”选项卡中，单击【文本框】按钮，新建一个空白文本框。

（2）输入文本内容“销量预算进度分析”。

（3）设置文本框格式、大小与位置。

（4）设置完毕，保存文件。

4.5.2　设置切片器

本模型需要设置的切片器包括年度切片器和月份切片器。

1. 年份切片器

（1）切换到“报表”视图。

（2）在可视化窗格中，单击切片器按钮，画布中自动出现切片器。

（3）在右侧字段列表中，选择表“Calendar”下的“年度”字段，按下鼠标左键将其拖动到可视化窗格中的“字段”框处。

（4）在可视化窗格中，单击按钮，切换到“格式”状态。

（5）单击展开“常规”选项，将“方向”参数设置为“水平”。

（6）单击展开“选择控件”选项，将“单项选择”选项打开。

（7）将“切片器标头”选项关闭。

（8）在“项目”选项下，将“文本大小”设置为 12。

（9）将“边框”选项打开。

（10）在筛选器窗格中，将“年度”字段筛选类型设置为“基本筛选”，接着选中下方的“全选”，再单击“空白”选项去除其选中状态。

（11）适当调整切片器大小与位置。

（12）设置完毕，保存文件。

2. 月份切片器

（1）在画布空白处单击鼠标。

（2）在可视化窗格中，单击切片器按钮，画布中自动出现切片器。

(3) 在右侧字段列表中，选择表“Calendar”下的“月份”字段，按下鼠标左键将其拖动到可视化窗格中的“字段”框处。

(4) 在可视化窗格中，单击按钮，切换到“格式”状态。

(5) 单击展开“常规”选项，将“方向”参数设置为“水平”。

(6) 单击展开“选择控件”选项，将“单项选择”选项打开。

(7) 将“切片器标头”选项关闭。

(8) 在“项目”选项下，将“文本大小”设置为12。

(9) 将“边框”选项打开。

(10) 适当调整切片器大小与位置。

3. 设置部门切片器

(1) 切换到“报表”视图。

(2) 在可视化窗格中，单击切片器按钮，画布中自动出现切片器。

(3) 在右侧字段列表中，选择表“部门”中的“部门名称”字段，按下鼠标左键将其拖动到可视化窗格中的“字段”框处。

(4) 在可视化窗格中，单击按钮，切换到“格式”状态。

(5) 单击展开“常规”选项，将“方向”参数设置为“水平”。

(6) 单击展开“选择控件”选项，将“单项选择”选项打开。

(7) 将“切片器标头”选项关闭。

(8) 在“项目”选项下，将“文本大小”设置为12。

(9) 将“边框”选项打开。

(10) 在筛选器窗格中，将“部门”字段筛选类型设置为“基本筛选”，接着选中下方的“全选”，再单击“空白”选项去除其选中状态。

(11) 适当调整切片器大小与位置。

(12) 设置完毕，保存文件。

4.5.3　设置预算进度表

(1) 在报表视图下，选择“建模”选项卡，单击功能区中的【新建参数】按钮，出现模拟参数对话框，如图4－4所示。

(2) 将名称设置为“预算进度”，数据类型默认为整数，将最小值设置为1，将最大值设置为12，增量值默认为1。

(3) 单击【确定】按钮。此时，将自动新建“预算进度”表，同时自动生成一个“预算进度 值”的度量值和切片器，将自动生成的切片器删除。

(4) 在字段列表中选中“预算进度”表，然后单击功能区【新建列】按钮，输入以下公式并按<回车>键确认。

进度='预算进度'［预算进度］/12

同时，在功能区“格式”下拉框中将其格式设置为“百分比”。

(5) 再次单击【新建列】按钮，输入以下公式并按<回车>键确认。

月份=format（'预算进度'［预算进度］,"00"）&"月"

图 4－4　建立关系

（6）在字段列表中选中“预算进度”表中的度量值“预算进度 值”，然后在公示栏将其公式修改如下：

预算进度 值＝SELECTEDVALUE（'预算进度'［进度］）

（7）切换到模型视图，单击【管理关系】按钮出现对话框，单击【新建】按钮，建立“预算进度”和“Calendar”表间关系，如图 4－4 所示。特别注意，应将“交叉筛选器方向”更改为“两个”。

（8）设置完毕，保存文件。

4.5.4　建立度量值

（1）在报表视图下，选中字段列表中的表“预算进度”，然后单击【新建度量值】按钮，出现新建度量值公式栏，在公式栏依次定义以下度量值，然后按＜回车＞键或单击公示栏前的【√】确认。

预算完成销量＝calculate（［实际销量］，DatesYtd（'calendar'［date］））

（2）继续单击【新建度量值】按钮，在公式栏依次定义以下度量值，然后按＜回车＞键或单击公示栏前的【√】确认。

全年预算销量＝calculate（sum（'销售预算'［销量预算］），all（'Calendar'［月份］））

（3）继续单击【新建度量值】按钮，在公式栏依次定义以下度量值，然后按＜回车＞键或单击公示栏前的【√】确认。

预算进度销量＝［全年预算销量］*［预算进度 值］

（4）继续单击【新建度量值】按钮，在公式栏依次定义以下度量值，然后按 <回车> 键或单击公示栏前的【√】确认。

预算完成百分比 = divide（[预算完成销量]，[预算进度销量]）

（5）设置完毕，保存文件。

【注释 1】 CALCULATE（<表达式>，<筛选 1>，<筛选 2>…）作用是在筛选器修改的上下文中对表达式进行求值，有以下几种用途：

①筛选条件为空，表达式计算结果只取决于外部上下文。例如，calculate（sum（'销售数据'[金额]））结果等同于 sum（'销售数据'[金额]）。

②添加筛选条件，缩小上下文。例如，calculate（sum（'销售数据'[金额]），'产品'[产品名称] = "男式/长袖/白色/M"），将在外部筛选条件的前提下只计算"男式/长袖/白色/M"的金额。

③结合 ALL 函数扩大上下文。例如，calculate（sum（'销售数据'[金额]），ALL（'calendar'[date]）），此时时间筛选器对该度量值不起作用。

④重置上下文。例如，calculate（sum（销售数据'[金额]），ALL（'calendar'[date]），'calendar'[季度] = "Q1"），只计算一季度金额。

⑤以上几种情况，筛选器都是使用了布尔表达式，需要注意几点：布尔表达式不能将列与其他列进行比较；不能引用度量值；不能使用嵌套 CALCULATE 函数；不能使用扫描或返回表的函数。为了满足更复杂的筛选要求，筛选器可以使用表表达式。为了获得最佳性能，建议尽量使用布尔表达式作为筛选器参数，只有在需要时才使用 FILTER 函数。

【注释 2】 此处用到的 Datesytd（）函数属于时间智能函数。时间智能函数对于时间维度的数据分析而言至关重要，可划分为时段函数、时点函数和计算类函数三种类型，具体见第 7 章。

4.5.5　预算进度可视化分析

1. 导入视觉对象

可视化分析中将使用"bulletChartByOKViz"视觉对象，需要预先导入该视觉对象。

（1）在报表视图下，在可视化窗格中单击【…】按钮，出现快捷菜单。

（2）在快捷菜单中单击【从文件导入视觉对象】，系统出现提示，系统询问是否导入，单击【导入】按钮，出现打开对话框。

（3）选择本案例提供的视觉对象"bulletChartByOKViz - 2.2.8 - priv"，然后单击【打开】按钮即可导入该视觉对象。

2. 可视化分析

（1）在画布空白处单击鼠标，然后在可视化窗格中单击以上导入的视觉对象图标，将其添加到画布。

（2）将该视觉对象的"Category"值设置为"产品"表的"三级产品"字段，将"Value"值设置为度量值[预算完成销量]，将"Comparison value"设置为度量值[预算进度销量]，将"Targets"值设置为度量值[全年预算销量]，将"Tooltips"值设置为度量值[预算完成百分比]。

（3）设置视觉对象格式。在可视化窗格中，切换到格式选项卡，将“Data labels”选项打开，将“Data colors”下的“show all”选项打开，将“Targets markers”下的“color”设置为红色，将“标题”选项关闭。

（4）设置完毕，保存文件。

【思考题】

（1）如何将销售预算表与日历表建立关联？

（2）如何计算实际销量、预算销量、差异及差异率？

（3）如何通过切片器设置一级产品和二级产品，然后计算该二级产品的实际销量、预算销量、差异及差异率？

（4）假定年度销量预算按月均匀分配，如何计算当月预算完成量、预算进度销量和差异？

【上机实训】根据本章案例数据，设计产品销量预算差异分析矩阵，要求以产品作为行项目，以销售部门作为列项目，以实际销量、预算销量、差异及差异率作为值，以年份作为切片器。

第5章 费用可视化分析

5.1 案例概况

5.1.1 案例功能与可视化效果

本案例根据从会计软件导出的相关原始数据，自由设定年份、月份和部门，对各类费用构成进行分析，同时进行费用同比分析与环比分析，便于企业及时了解各类费用的发生情况、同比变动情况以及环比变动情况，为企业进行精准费用管控提供数据支持，可视化分析效果如下。

（1）费用构成分析，如图5－1所示。

图5－1 费用构成分析

（2）费用同比分析，如图5－2所示。

（3）费用环比分析，如图5－3所示。

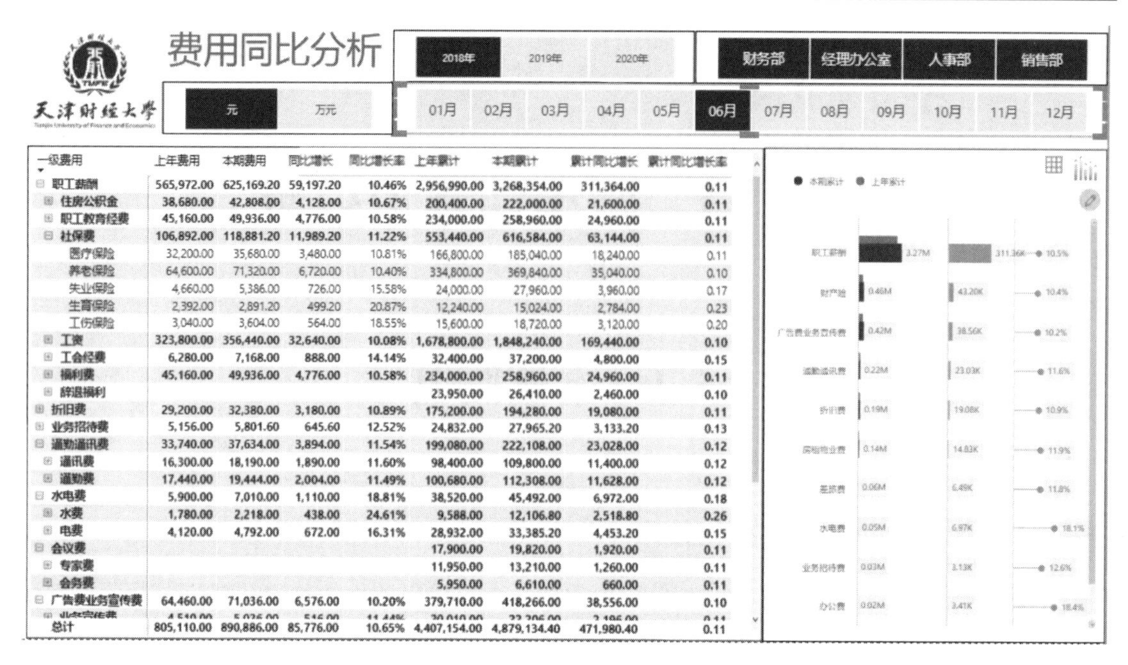

图 5－2　费用同比分析

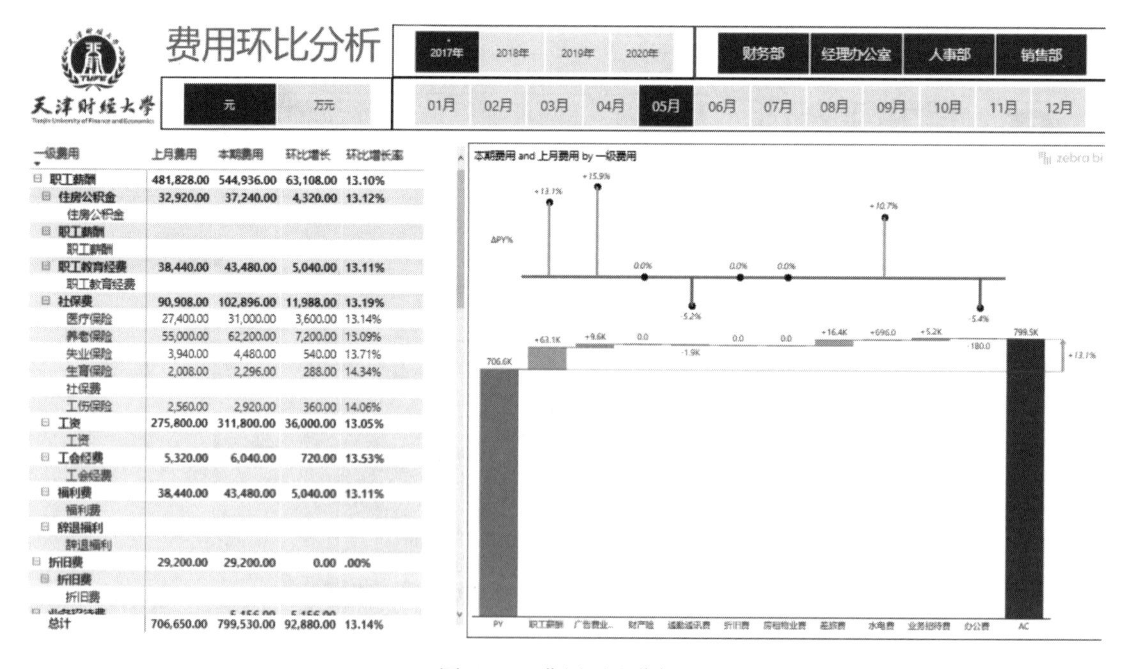

图 5－3　费用环比分析

5.1.2　案例数据

本案例企业为一家小型商贸企业，涉及的费用包括职工薪酬、房租物业费、水电费、办公费、业务招待费、通勤通信费、会议费、折旧费、广告费和业务宣传费、财产险等，涉及部门包括经理办公室、财务部、销售部和人事部，入账科目主要涉及管理费用和销售费用。该企业利用会计软件进行记账，将"管理费用"和"销售费用"同时设置为部门核算和项目核算，记账凭证中记录了每一笔费用支出涉及的费用项目和部门。本案例模型针对该企业历年发生的费用进行可视化分析，包括费用构成分析、费用同比分析和费用环比分析。费用构成分析，根据选择的年度、月份和部门，按照费用层级动态显示本期费用、本期费用占比、本期累计费用、本期累计费用占比情况，同时，以树状图和堆积条形图直观反映费用项目构成情况。费用同比分析，根据选择的年度、月份和部门，按照费用层级动态显示上年费用、本期费用、同比变动、同比变动百分比、上年累计、本期累计、累计同比变动和累计同比变动百分比情况，同时以 Variance Chart 分析费用变动差异。费用环比分析，根据选择的年度、月份和部门，按照费用层级动态显示上月费用、本期费用、环比变动、环比变动百分比情况，同时以 Zebra BI Charts 分析费用变动差异。

从会计软件导出并整理的数据包括费用项目、部门、科目和凭证四张 Excel 表，其数据结构涉及 2017～2020 年 4 个年度。

（1）费用项目，见表 5－1。

表 5－1　费用项目

序号	项目编码	项目名称	父级项目
1	01	职工薪酬	01
2	0101	工资	01
3	0102	福利费	01
4	0103	社保费	01
5	010301	养老保险	0103
6	010302	医疗保险	0103
7	010303	失业保险	0103
8	010304	工伤保险	0103
9	010305	生育保险	0103
10	0104	住房公积金	01
11	0105	职工教育经费	01
12	0106	工会经费	01
13	0107	辞退福利	01
14	02	房租物业费	02
15	0201	房租	02
16	0202	物业费	02
17	03	水电费	03
18	0301	水费	03
19	0302	电费	03
20	04	办公费	04
21	05	差旅费	05
22	0501	交通费	05

续表

序号	项目编码	项目名称	父级项目
23	0502	住宿费	05
24	0503	餐饮费	05
25	06	业务招待费	06
26	07	通勤通信费	07
27	0701	通勤费	07
28	0702	通信费	07
29	08	会议费	08
30	0801	会务费	08
31	0802	专家费	08
32	09	折旧费	09
33	10	广告费业务宣传费	10
34	1001	广告费	10
35	1002	业务宣传费	10
36	11	财产险	11

（2）部门，见表 5 – 2。

表 5 – 2　　部门

部门编码	部门名称
01	经理办公室
02	财务部
03	销售部
04	人事部

（3）科目，见表 5 – 3。

表 5 – 3　　科目

编码	名称	类别	辅助核算	余额方向
……	……	……	……	……
1221	其他应收款	资产		借
122101	员工往来	资产	个人	借
……	……	……	……	……
2241	其他应付款	负债	供应商	贷
……	……	……	……	……

续表

编码	名称	类别	辅助核算	余额方向
6001	主营业务收入	收入	项目/部门	贷
……	……	……	……	……
6601	销售费用	费用	项目/部门	借
6602	管理费用	费用	项目/部门	借

（4）凭证，见表 5－4。

表 5－4　凭证

日期	科目	借方金额	贷方金额
2017/1/31	6602_0101_01 管理费用_工资_经理办公室	65 950	
	6602_0101_02 管理费用_工资_财务部	29 950	
	6602_0101_04 管理费用_工资_人事部	23 950	
	6601_0101_03 销售费用_工资_销售部	119 950	
	221101 应付职工薪酬_工资		239 800
2017/1/31	6602_0102_01 管理费用_福利费_经理办公室	9 190	
	6602_0102_02 管理费用_福利费_财务部	4 150	
	6602_0102_04 管理费用_福利费_人事部	3 310	
	6601_0102_03 销售费用_福利费_销售部	16 750	
	221102 应付职工薪酬_福利费		33 400
2017/1/31	6602_010301_01 管理费用_养老保险_经理办公室	13 150	
	6602_010301_02 管理费用_养老保险_财务部	5 950	
	6602_010301_04 管理费用_养老保险_人事部	4 750	
	6601_010301_03 销售费用_养老保险_销售部	23 950	
	6602_010302_01 管理费用_医疗保险_经理办公室	6 550	
	6602_010302_02 管理费用_医疗保险_财务部	2 950	
	6602_010302_04 管理费用_医疗保险_人事部	2 350	
	6601_010302_03 销售费用_医疗保险_销售部	11 950	
	6602_010303_01 管理费用_失业保险_经理办公室	940	
	6602_010303_02 管理费用_失业保险_财务部	400	
	6602_010303_04 管理费用_失业保险_人事部	310	
	6601_010303_03 销售费用_失业保险_销售部	1 750	
	6602_010304_01 管理费用_工伤保险_经理办公室	610	

续表

日期	科目	借方金额	贷方金额
	6602_010304_02 管理费用_工伤保险_财务部	250	
	6602_010304_04 管理费用_工伤保险_人事部	190	
	6601_010304_03 销售费用_工伤保险_销售部	1 150	
	6602_010305_01 管理费用_生育保险_经理办公室	478	
	6602_010305_02 管理费用_生育保险_财务部	190	
	6602_010305_04 管理费用_生育保险_人事部	142	
	6601_010305_03 销售费用_生育保险_销售部	910	
	221103 应付职工薪酬_社保费		78 920
……	……	……	……
2020/12/31	6602_0302_01 管理费用_电费_经理办公室	1 700	
	6602_0302_02 管理费用_电费_财务部	1 370	
	6602_0302_04 管理费用_电费_人事部	930	
	6601_0302_03 销售费用_电费_销售部	3 350	
	2241 其他应付款_城南供电局		7 350

5.2 建模准备

5.2.1 数据的导入与清洗

（1）运行 Power BI，新建一个文件。

（2）在报表视图下，单击“主页”功能区中的【Excel】按钮，出现打开对话框。

（3）选择本案例提供的 Excel 文件，然后单击【打开】按钮，出现导航器对话框。

（4）在导航器对话框中选中案例数据的四个工作表，然后单击【转换数据】按钮。

（5）单击选中“部门”表，再单击选中“部门编码”列，然后在功能区单击【数据类型】下拉框，将数据类型设置为“文本”，单击【替换当前转换】按钮。

（6）单击选中“费用项目”表，再单击选中“项目编码”列，然后在功能区单击【数据类型】下拉框，将数据类型设置为“文本”，单击【替换当前转换】按钮。采用同样的操作，将“父级项目”列的数据类型设置为“文本”。

（7）单击选中“科目”表，再单击选中“科目编码”列，然后在功能区单击【数据类型】下拉框，将数据类型设置为“文本”，单击【替换当前转换】按钮。

（8）单击选中“凭证”表，再单击选中“日期”列，然后切换到“转换”选项卡，在

功能区单击【填充 | 向下】命令，系统自动向下填充日期空行。

（9）拆分凭证表科目。观察科目列的值可以发现如下规律：代码与名称以空格分隔，代码部分中“_”前的为科目代码，之后的为辅助核算项编码。因此，按如下方法拆分出科目编码：选中“科目”列，在“转换”选项卡功能区中单击“拆分列 | 按分隔符”，出现对话框。将分隔符设置为“空格”，拆分位置设置为“最左侧分隔符”，单击【确定】按钮，即可将科目列拆分为“科目.1”和“科目.2”两列。接下来进行第二次拆分，选中“科目.1”列，在“转换”选项卡功能区中单击“拆分列 | 按分隔符”，出现对话框。将分隔符设置为“_”，拆分位置设置为“最左侧分隔符”，单击【确定】按钮，即可将科目列拆分为“科目.1.1”和“科目.1.2”两列，将“科目1.1”重命名为“科目编码”，将其数据类型改为“文本”。

（10）拆分辅助核算编码。选中“科目.1.2”列，在“转换”选项卡功能区中单击“拆分列 | 按分隔符”，出现对话框。将分隔符设置为“_”，拆分位置设置为“最右侧分隔符”，单击【确定】按钮，即可将科目列拆分为“科目.1.2.1”和“科目.1.2.2”两列，分别将其重命名为“辅助项1”和“辅助项2”，并将其数据类型均改为“文本”。后续，将结合科目辅助核算类型以及拆分出来的以上两列，重新生成费用项目和费用部门两列。

（11）转换完成，切换到“主页”选项卡，单击【关闭并应用】按钮返回。

（12）设置完毕，保存文件。

5.2.2　建立并标记日期表

1. 建立日期表

（1）切换到报表视图下的【建模】选项卡，或者数据视图下的【主页】或【表工具】选项卡，然后单击【新建表】按钮，出现公式栏。

（2）在公式栏中输入以下定义新表的公式，公式输入完毕后，按<回车>键或用鼠标单击公式前的【√】按钮保存公式，即可自动生成表“Calendar”。

```
Calendar =
generate (
calendarauto ( ),
VAR currentdate = [date]
VAR year = year (currentdate)
VAR quarter = QUARTER (currentdate)
var month = format (currentdate, "MM")
var day = day (currentdate)
var weekid = weekday (currentdate)
return row (
"年度", year&"年",
"季度", quarter&"季度",
"月份", month&"月",
"日", day,
```

"年度季度", year&"Q"&quarter,
"年度月份", year&month,
"星期几", weekid
))

2. 标记日期表

可将以上生成的“Calendar”表标记为“日期表”，系统将对其数据进行自动校验，方法如下：

（1）在“字段”窗格右键单击“日期表”，出现快捷菜单。

（2）选择快捷菜单中的“标记为日期表 | 标记为日期表”，出现对话框。

（3）在对话框中选择“date”列，系统即可自动对该列进行数据验证。

（4）设置完毕，保存文件。

5.2.3　建立货币单位表及度量值

1. 建立货币单位表

（1）在报表视图下，单击“主页”选项卡中的【输入数据】按钮，出现创建表对话框，如图 5-4 所示。

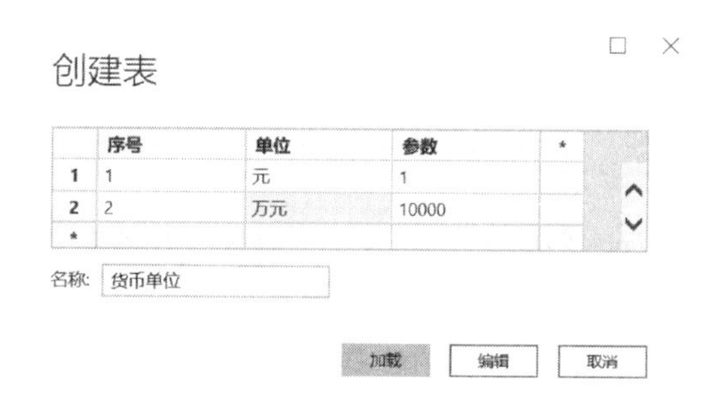

图 5-4　创建货币单位表

（2）双击默认列名“列 1”，将其重命名为“序号”。

（3）单击“序号”列后的【+】按钮，新增一列，双击列名，将其重命名为“单位”。

（4）单击“单位”列后的【+】按钮，新增一列，双击列名，将其重命名为“参数”。

（5）按照图 5-4 输入两行记录数据。

（6）将表命名为“货币单位”。

（7）单击【加载】按钮，即可创建“日期参数”数据表。

2. 对货币单位表排序

（1）在字段窗格中选中表“货币单位”下的“单位”列，自动出现“列工具”选项卡。

（2）在“列工具”选项卡中单击【按列排序 | 序号】即可。

3. 建立度量值

（1）在报表视图下，在“主页”或“建模”选项卡中，单击功能区的【新建度量值】，出现定义度量值公式栏。

（2）输入以下公式：换算率 = SelectedValue（'货币单位'［参数］，1）

（3）输入完毕，按 <回车> 键，或者单击公式栏前的【√】确认。

（4）设置完毕，保存文件。

5.2.4　建立表间关系

（1）切换到模型视图，单击功能区中的【管理关系】按钮，出现管理关系对话框。

（2）可以看到，系统自动在表“货币单位”与“费用项目”之间建立了关系，该关系并不是正确的，单击选中该关系，再单击【删除】按钮将其删除。

（3）单击【新建】按钮，出现创建关系对话框。先在上方选择“Calendar”表的“date”列，再在下方选择“凭证”表的“日期”列，然后单击【确定】按钮，创建这两个表的关系。

（4）重复第（3）步操作，在“科目”表的“编码”列与“凭证”表的“科目编码”列之间建立关系。

（5）单击【关闭】按钮关闭对话框。

（6）设置完毕，保存文件。

【注释】表“部门”“费用项目”也需要与“凭证”表建立关系，但必须在“凭证”表生成费用项目列和费用部门列之后才能建立，具体见下文。

5.2.5　费用项目与部门的处理

处理逻辑：

首先，如果凭证表中当前行科目在科目表中具有“项目/部门”核算，则列“辅助项 1”的当前值即为项目，“辅助项 2”的当前值即为部门，否则项目和部门应为空。

然后，在凭证表中建立分组，标识该科目是否为费用项目相关科目，相关的属于费用组，否则属于其他组。

最后，根据科目分组，生成费用项目列和费用部门列。如果属于费用组，项目值即为费用项目值，部门值即为费用部门值，否则费用项目和费用部门均为空。

1. 在凭证表中建立项目列

（1）在报表视图下，在字段列表中选中“凭证”表。

（2）在“主页”选项卡中，单击功能区中的【新建列】按钮，出现新建列公式栏。

（3）输入以下公式，然后按 <回车> 键，或者单击公式栏前的【√】确认。

项目 = if（related（'科目'［辅助核算］）= "项目/部门",'凭证'［辅助项 1］，blank（））

2. 在凭证表中建立部门列

（1）在报表视图下，在字段列表中选中“凭证”表。

（2）在“主页”选项卡中，单击功能区中的【新建列】按钮，出现新建列公式栏。

（3）输入以下公式，然后按 <回车> 键，或者单击公式栏前的【√】确认。

部门 = if（related（'科目'［辅助核算］）= "项目/部门",'凭证'［辅助项 2］，blank（））

3. 在科目表中建立费用分组

（1）在字段列表中选中“科目”表中的“编码”字段，然后单击功能区【数据组 | 新建数据组】，打开新建组对话框，如图 5 - 5 所示。

图 5 - 5　费用分组

（2）输入组名称“费用分组”，按下 < Ctrl > 键，在左侧列表中，依次单击选中要分组的费用相关科目，本案例中只涉及“6601”和“6602”；然后单击【分组】按钮，被选中的科目即会出现在右侧列表中，在右侧列表中更改本组名称为“费用”；选中“包含其他组”，未分组的其他所有科目将自动默认隶属于其他组。

（3）设置完毕，单击【确定】按钮。

4. 在凭证中建立费用项目列

（1）在报表视图下，在字段列表中选中“凭证”表。

（2）在“主页”选项卡中，单击功能区中的【新建列】按钮，出现新建列公式栏。

（3）输入以下公式，然后按 < 回车 > 键，或者单击公式栏前的【√】确认。

费用项目 = if（related（'科目'［费用分组］）= "费用",'凭证'［项目］, blank（））

5. 在凭证中建立费用部门列

（1）在报表视图下，在字段列表中选中“凭证”表。

（2）在“主页”选项卡中，单击功能区中的【新建列】按钮，出现新建列公式栏。

（3）输入以下公式，然后按 < 回车 > 键，或者单击公式栏前的【√】确认。

费用部门 = if（related（'科目'［费用分组］）= "费用",'凭证'［部门］, blank（））

6. 建立关系

（1）切换到模型视图，单击功能区中的【管理关系】按钮，出现管理关系对话框。

（2）单击【新建】按钮，出现创建关系对话框。先在上方选择“部门”表的“部门编码”列，再在下方选择“凭证”表的“费用部门”列，然后单击【确定】按钮，创建这两个表的关系。

（3）重复第（2）步操作，在“费用项目”表的“项目编码”列与“凭证”表的“费用项目”列之间建立关系。

（4）单击【关闭】按钮关闭对话框。

（5）设置完毕，保存文件。

5.2.6 建立费用层次结构及度量值

1. 建立父级项目名称列

（1）在报表视图下，在字段列表中选中“费用项目”表。

（2）在“主页”选项卡中，单击功能区中的【新建列】按钮，出现新建列公式栏。

（3）输入以下公式，然后按<回车>键，或者单击公式栏前的【√】确认。

父级项目名称 = lookupvalue（'费用项目'［项目名称］,'费用项目'［项目编码］,'费用项目'［父级项目］）

2. 建立费用层级列

（1）在报表视图下，在字段列表中选中“费用项目”表。

（2）在“主页”选项卡中，单击功能区中的【新建列】按钮，出现新建列公式栏。

（3）输入以下公式，然后按<回车>键，或者单击公式栏前的【√】确认。

费用层级 = path（'费用项目'［项目名称］,'费用项目'［父级项目名称］）

3. 建立一级费用列

（1）在报表视图下，在字段列表中选中“费用项目”表。

（2）在“主页”选项卡中，单击功能区中的【新建列】按钮，出现新建列公式栏。

（3）输入以下公式，然后按<回车>键，或者单击公式栏前的【√】确认。

一级费用 = pathitem（'费用项目'［费用层级］，1）

4. 建立二级费用列

（1）在报表视图下，在字段列表中选中“费用项目”表。

（2）在“主页”选项卡中，单击功能区中的【新建列】按钮，出现新建列公式栏。

（3）输入以下公式，然后按<回车>键，或者单击公式栏前的【√】确认。

```
二级费用 = if（pathitem（'费用项目'［费用层级］，2）= blank（），
            pathitem（'费用项目'［费用层级］，1），
            pathitem（'费用项目'［费用层级］，2））
```

5. 建立三级费用列

（1）在报表视图下，在字段列表中选中“费用项目”表。

（2）在“主页”选项卡中，单击功能区中的【新建列】按钮，出现新建列公式栏。

（3）输入以下公式，然后按<回车>键，或者单击公式栏前的【√】确认。

三级费用 = if（pathitem（'费用项目'［费用层级］，3）= blank（），
if（pathitem（'费用项目'［费用层级］，2）= blank（），
pathitem（'费用项目'［费用层级］，1），
pathitem（'费用项目'［费用层级］，2）），
pathitem（'费用项目'［费用层级］，3））

6. 建立费用级次列

（1）在报表视图下，在字段列表中选中“费用项目”表。

（2）在“主页”选项卡中，单击功能区中的【新建列】按钮，出现新建列公式栏。

（3）输入以下公式，然后按<回车>键，或者单击公式栏前的【√】确认。

费用级次 = pathlength（'费用项目'［费用层级］）

7. 建立层次结构

（1）在字段列表中选中“费用项目”表中的“一级费用”字段，单击右键，从快捷菜单中选中【新的层次结构】，自动出现“一级费用 层次结构”，双击将其重命名为“费用层次结构”。

（2）依次将“二级费用”和“三级费用”拖入“一级费用 层次结构”。

8. 建立相关度量值

（1）在报表视图下，单击【新建度量值】，出现新建度量值公式栏。

（2）在公式栏输入以下公式，然后按<回车>键，或者单击公式栏前的【√】按钮确认。

是否被一级费用筛选 = ISFILTERED（'费用项目'［一级费用］）

（3）重复第（2）步操作，再依次建立以下度量值：

是否被二级费用筛选 = ISFILTERED（'费用项目'［二级费用］）

是否被三级费用筛选 = ISFILTERED（'费用项目'［三级费用］）

费用透视层级 =［是否被一级费用筛选］+［是否被二级费用筛选］+［是否被三级费用筛选］

费用层级最大深度 = max（'费用项目'［费用级次］）

（4）设置完毕，保存文件。

5.3　费用构成分析

5.3.1　LOGO 与表头文本设置

运行 Power BI，打开上述文件，进行以下操作。

1. LOGO 设置

（1）双击“第 1 页”页标签，将其重命名为“费用构成分析”。

（2）选择“插入”选项卡，单击【图像】按钮，出现“打开”对话框。

（3）选择 LOGO 图片文件，然后单击【打开】按钮，即可插入 LOGO 图片。

（4）调整 LOGO 图片的大小与位置。

（5）设置完毕，保存文件。

2. 设置表头文本

（1）在“插入”选项卡中，单击【文本框】按钮，新建一个空白文本框。

（2）输入文本内容“费用构成分析”。

（3）设置文本框格式、大小与位置。

（4）设置完毕，保存文件。

5.3.2　切片器设置

本模型涉及的切片器包括年度、月份、部门、货币单位。

1. 年度切片器

（1）切换到“报表”视图。

（2）在可视化窗格中，单击切片器按钮，画布中自动出现切片器。

（3）在右侧字段列表中，选择表“Calendar”中的“年度”字段，按下鼠标左键将其拖动到可视化窗格中的“字段”框处。

（4）在可视化窗格中，单击按钮，切换到“格式”状态。

（5）单击展开“常规”选项，将“方向”参数设置为“水平”。

（6）单击展开“选择控件”选项，将“单项选择”选项打开。

（7）将“切片器标头”选项关闭。

（8）在“项目”选项下，将“文本大小”设置为 12。

（9）将“边框”选项打开。

（10）适当调整切片器大小与位置。

（11）设置完毕，保存文件。

2. 月份切片器

（1）切换到“报表”视图。

（2）在可视化窗格中，单击切片器按钮，画布中自动出现切片器。

（3）在右侧字段列表中，选择表“Calendar”中的“月份”字段，按下鼠标左键将其拖动到可视化窗格中的“字段”框处。

（4）在可视化窗格中，单击按钮，切换到“格式”状态。

（5）单击展开“常规”选项，将“方向”参数设置为“水平”。

（6）单击展开“选择控件”选项，将“单项选择”选项打开。

（7）将“切片器标头”选项关闭。

（8）在“项目”选项下，将“文本大小”设置为 12。

（9）将“边框”选项打开。

（10）适当调整切片器大小与位置。

（11）设置完毕，保存文件。

3. 部门切片器

（1）切换到“报表”视图。

（2）在可视化窗格中，单击切片器按钮，画布中自动出现切片器。

（3）在右侧字段列表中，选择表“部门”中的“部门名称”字段，按下鼠标左键将其拖动到可视化窗格中的“字段”框处。

（4）在可视化窗格中，单击按钮，切换到“格式”状态。

（5）单击展开“常规”选项，将“方向”参数设置为“水平”。

（6）将“切片器标头”选项关闭。

（7）在“项目”选项下，将“文本大小”设置为12。

（8）将“边框”选项打开。

（9）在筛选器窗格中，将“部门名称”字段筛选类型设置为“基本筛选”，接着选中下方的“全选”，再单击“空白”选项去除其选中状态。

（10）适当调整切片器大小与位置。

（11）设置完毕，保存文件。

4. 货币单位切片器

（1）切换到“报表”视图。

（2）在可视化窗格中，单击切片器按钮，画布中自动出现切片器。

（3）在右侧字段列表中，选择表“货币单位”中的“货币单位”字段，按下鼠标左键将其拖动到可视化窗格中的“字段”框处。

（4）在可视化窗格中，单击按钮，切换到“格式”状态。

（5）单击展开“常规”选项，将“方向”参数设置为“水平”。

（6）单击展开“选择控件”选项，将“单项选择”选项打开。

（7）将“切片器标头”选项关闭。

（8）在“项目”选项下，将“文本大小”设置为12。

（9）将“边框”选项打开。

（10）适当调整切片器大小与位置。

（11）设置完毕，保存文件。

5.3.3 建立度量值

1. 本期费用

（1）在报表视图下的“建模”选项卡下，或者在数据视图下的“主页”或“表工具”选项卡下，单击功能区【新建度量值】按钮，出现新建度量值公式栏。

（2）在公式栏中输入以下公式，输入完毕，按 <回车> 键或者用鼠标单击公式栏前的【√】按钮保存度量值。

```
本期费用 = if ([费用透视层级] > [费用层级最大深度],
            BLANK (),
            SUM ('凭证' [借方金额]) / [换算率]
            )
```

2. 本期累计

（1）在报表视图下的“建模”选项卡下，或者在数据视图下的“主页”或“表工具”选项卡下，单击功能区【新建度量值】按钮，出现新建度量值公式栏。

（2）在公式栏中输入以下公式，输入完毕，按 <回车> 键或者用鼠标单击公式栏前的【√】按钮保存度量值。

本期费用累计 = calculate（[本期费用]，datesytd（'Calendar'[Date]））

设置完毕，保存文件。

5.3.4　本期费用及累计费用矩阵

（1）在报表视图下，在画布空白处单击鼠标，然后在可视化窗格中单击矩阵视觉对象图标，插入一个空白矩阵。

（2）将表“费用项目”中的“费用层次结构”拖动到该视觉对象的“行”字段处。在筛选器窗格中，将“一级费用”筛选条件设置为不等于空白。

（3）将度量值［本期费用］拖动到该视觉对象的“值”字段处。

（4）再次将度量值［本期费用］拖动到该视觉对象的“值”字段处，然后在其名称上单击鼠标右键，出现快捷菜单，选择其中的【将值显示为 | 占总计的百分比】，双击该名称，将其重命名为“本期费用占比”。

（5）将度量值［本期累计］拖动到该视觉对象的“值”字段处。

（6）再次将度量值［本期累计］拖动到该视觉对象的“值”字段处，然后在其名称上单击鼠标右键，出现快捷菜单，选择其中的【将值显示为 | 占总计的百分比】，双击该名称，将其重命名为“累计费用占比”。

（7）在可视化窗格中，单击切换到格式设置状态，将“边框”选项打开。

（8）调整该视觉对象的大小与位置。

（9）设置完毕，保存文件。

5.3.5　本期费用树状图

（1）在报表视图下，在画布空白处单击鼠标，然后在可视化窗格中单击树状图视觉对象图标，插入一个空白树状图。

（2）将表“费用项目”中的“一级费用”字段拖动到该视觉对象的“组”字段处，将表“费用项目”中的“三级费用”字段拖动到该视觉对象的“详细信息”字段处，将度量值［本期费用］拖动到该视觉对象的“值”字段处。在筛选器窗格中，将“一级费用”筛选条件设置为不等于空白。

（3）在可视化窗格中，单击切换到格式设置状态，将“标题”选项关闭，将“边框”选项打开。

（4）调整该视觉对象的大小与位置。

（5）设置完毕，保存文件。

5.3.6　本期累计条形图

（1）在报表视图下，在画布空白处单击鼠标，然后在可视化窗格中单击堆积条形图视觉对象图标，插入一个空白条形图。

（2）将表“费用项目”中的“一级费用”字段拖动到该视觉对象的“轴”字段处，将表“费用项目”中的“二级费用”字段拖动到该视觉对象的“图例”字段处，将度量值［本期累计］拖动到该视觉对象的“值”字段处。在筛选器窗格中，将“一级费用”筛选条件设置为不等于空白。

（3）在可视化窗格中，单击切换到格式设置状态，将“Y 轴”下的“标题”关闭，将“X 轴”下的“标题”关闭，将“图例”选项关闭，将“标题”选项关闭，将“边框”选项打开。

（4）调整该视觉对象的大小与位置。

（5）设置完毕，保存文件。

5.4　费用同比分析

5.4.1　LOGO 与表头文本设置

运行 Power BI，打开上述文件，进行以下操作。

1. LOGO 设置

（1）在报表视图下，单击页名称后的【+】，新增一页，双击该页名称，将其重命名为“费用同比分析”。

（2）选择“插入”选项卡，单击【图像】按钮，出现“打开”对话框。

（3）选择 LOGO 图片文件，然后单击【打开】按钮，即可插入 LOGO 图片。

（4）调整 LOGO 图片的大小与位置。

（5）设置完毕，保存文件。

2. 设置表头文本

（1）在“插入”选项卡中，单击【文本框】按钮，新建一个空白文本框。

（2）输入文本内容“费用同比分析”。

（3）设置文本框格式、大小与位置。

（4）设置完毕，保存文件。

5.4.2　切片器设置

本模型涉及的切片器包括年度、月份、部门、货币单位。

1. 年度切片器

（1）切换到“报表”视图。

（2）在可视化窗格中，单击切片器按钮，画布中自动出现切片器。

（3）在右侧字段列表中，选择表“Calendar”中的“年度”字段，按下鼠标左键将其拖动到可视化窗格中的“字段”框处。

（4）在可视化窗格中，单击 按钮，切换到“格式”状态。

（5）单击展开“常规”选项，将“方向”参数设置为“水平”。

（6）单击展开“选择控件”选项，将“单项选择”选项打开。

（7）将“切片器标头”选项关闭。

（8）在“项目”选项下，将“文本大小”设置为 12。

（9）将“边框”选项打开。

（10）在筛选器窗格中，将“年度”中的 2017 年去除，因为案例最早数据即为 2017 年，所以选择 2017 年无法进行同比分析。

（11）适当调整切片器大小与位置。

（12）设置完毕，保存文件。

2. 月份切片器

（1）切换到“报表”视图。

（2）在可视化窗格中，单击切片器按钮，画布中自动出现切片器。

（3）在右侧字段列表中，选择表“Calendar”中的“月份”字段，按下鼠标左键将其拖动到可视化窗格中的“字段”框处。

（4）在可视化窗格中，单击 按钮，切换到“格式”状态。

（5）单击展开“常规”选项，将“方向”参数设置为“水平”。

（6）单击展开“选择控件”选项，将“单项选择”选项打开。

（7）将“切片器标头”选项关闭。

（8）在“项目”选项下，将“文本大小”设置为 12。

（9）将“边框”选项打开。

（10）适当调整切片器大小与位置。

（11）设置完毕，保存文件。

3. 部门切片器

（1）切换到“报表”视图。

（2）在可视化窗格中，单击切片器按钮，画布中自动出现切片器。

（3）在右侧字段列表中，选择表“部门”中的“部门名称”字段，按下鼠标左键将其拖动到可视化窗格中的“字段”框处。

（4）在可视化窗格中，单击 按钮，切换到“格式”状态。

（5）单击展开“常规”选项，将“方向”参数设置为“水平”。

（6）将“切片器标头”选项关闭。

（7）在“项目”选项下，将“文本大小”设置为 12。

（8）将“边框”选项打开。

（9）在筛选器窗格中，将“部门名称”字段筛选类型设置为“基本筛选”，接着选中下方的“全选”，再单击“空白”选项去除其选中状态。

（10）适当调整切片器大小与位置。

（11）设置完毕，保存文件。

4. 货币单位切片器

（1）切换到“报表”视图。

（2）在可视化窗格中，单击切片器按钮，画布中自动出现切片器。

（3）在右侧字段列表中，选择表“货币单位”中的“货币单位”字段，按下鼠标左键将其拖动到可视化窗格中的“字段”框处。

（4）在可视化窗格中，单击按钮，切换到“格式”状态。

（5）单击展开“常规”选项，将“方向”参数设置为“水平”。

（6）单击展开“选择控件”选项，将“单项选择”选项打开。

（7）将“切片器标头”选项关闭。

（8）在“项目”选项下，将“文本大小”设置为12。

（9）将“边框”选项打开。

（10）适当调整切片器大小与位置。

（11）设置完毕，保存文件。

5.4.3 建立度量值

1. 上年费用

（1）在报表视图下的“建模”选项卡下，或者在数据视图下的“主页”或“表工具”选项卡下，单击功能区【新建度量值】按钮，出现新建度量值公式栏。

（2）在公式栏中输入以下公式，输入完毕，按 <回车> 键或者用鼠标单击公式栏前的【√】按钮保存度量值。

上年费用 = calculate（[本期费用]，dateadd（'Calendar'[Date]，-1，year））

（3）设置完毕，保存文件。

2. 同比增长

（1）在报表视图下的“建模”选项卡下，或者在数据视图下的“主页”或“表工具”选项卡下，单击功能区【新建度量值】按钮，出现新建度量值公式栏。

（2）在公式栏中输入以下公式，输入完毕，按 <回车> 键或者用鼠标单击公式栏前的【√】按钮保存度量值。

同比增长 = [本期费用] - [上年费用]

（3）设置完毕，保存文件。

3. 同比增长率

（1）在报表视图下的“建模”选项卡下，或者在数据视图下的“主页”或“表工具”选项卡下，单击功能区【新建度量值】按钮，出现新建度量值公式栏。

（2）在公式栏中输入以下公式，输入完毕，按 <回车> 键或者用鼠标单击公式栏前的【√】按钮保存度量值。

同比增长率 = divide（[同比增长]，[上年费用]）

（3）接着，在功能区“格式”下拉框中将其数据格式设置为“百分比”。

（4）设置完毕，保存文件。

4. 上年累计

（1）在报表视图下的“建模”选项卡下，或者在数据视图下的“主页”或“表工具”选项卡下，单击功能区【新建度量值】按钮，出现新建度量值公式栏。

（2）在公式栏中输入以下公式，输入完毕，按 <回车> 键或者用鼠标单击公式栏前的【√】按钮保存度量值。

上年累计 = calculate（[本期累计]，dateadd（'Calendar'[Date]，-1，year））

（3）设置完毕，保存文件。

5. 累计同比增长

（1）在报表视图下的“建模”选项卡下，或者在数据视图下的“主页”或“表工具”选项卡下，单击功能区【新建度量值】按钮，出现新建度量值公式栏。

（2）在公式栏中输入以下公式，输入完毕，按 <回车> 键或者用鼠标单击公式栏前的【√】按钮保存度量值。

累计同比增长 = [本期累计] - [上年累计]

（3）设置完毕，保存文件。

6. 累计同比增长率

（1）在报表视图下的“建模”选项卡下，或者在数据视图下的“主页”或“表工具”选项卡下，单击功能区【新建度量值】按钮，出现新建度量值公式栏。

（2）在公式栏中输入以下公式，输入完毕，按 <回车> 键或者用鼠标单击公式栏前的【√】按钮保存度量值。

累计同比增长率 = divide（[累计同比增长]，[上年累计]）

（3）接着，在功能区“格式”下拉框中将其数据格式设置为“百分比”。

（4）设置完毕，保存文件。

5.4.4　费用同比分析矩阵

（1）在报表视图下，在画布空白处单击鼠标，然后在可视化窗格中单击矩阵视觉对象图标，插入一个空白矩阵。

（2）将表“费用项目”中的“费用层次结构”拖动到该视觉对象的“行”字段处。在筛选器窗格中，将“一级费用”筛选条件设置为不等于空白。

（3）依次将度量值[上年费用]、[本期费用]、[同比增长]、[同比增长率]、[上年累计]、[本期累计]、[累计同比增长]、[累计同比增长率]拖动到该视觉对象的“值”字段处。

（4）在可视化窗格中，单击切换到格式设置状态，将“边框”选项打开。

（5）调整该视觉对象的大小与位置。

（6）设置完毕，保存文件。

5.4.5　累计费用同比差异分析

（1）在可视化窗格中单击【…】按钮，出现快捷菜单，选择其中的“从文件导入视觉对象”，导入本案例提供的视觉对象“Variance Chart”。

(2) 在画布空白处单击鼠标，然后在可视化窗格中单击该视觉对象图标▦，插入一个视觉对象。

(3) 将表“费用项目”中的“一级费用”字段拖动到该视觉对象的“Category”字段处，将度量值［本期累计］拖动到该视觉对象的“Primary Value”字段处，将度量值［上年累计］拖动到该视觉对象的“Comparison Value”字段处。在筛选器窗格中，将“一级费用”筛选条件设置为不等于空白。

(4) 在可视化窗格中，单击🖌切换到格式设置状态，将“标题”选项关闭，将“边框”选项打开。

(5) 调整该视觉对象的大小与位置。

(6) 设置完毕，保存文件。

5.5　费用环比分析

5.5.1　LOGO 与表头文本设置

运行 Power BI，打开上述文件，进行以下操作。

1. LOGO 设置

(1) 在报表视图下，单击页名称后的【+】，新增一页，双击该页名称，将其重命名为“费用环比分析”。

(2) 选择“插入”选项卡，单击【图像】按钮，出现“打开”对话框。

(3) 选择 LOGO 图片文件，然后单击【打开】按钮，即可插入 LOGO 图片。

(4) 调整 LOGO 图片的大小与位置。

(5) 设置完毕，保存文件。

2. 设置表头文本

(1) 在“插入”选项卡中，单击【文本框】按钮，新建一个空白文本框。

(2) 输入文本内容“费用环比分析”。

(3) 设置文本框格式、大小与位置。

(4) 设置完毕，保存文件。

5.5.2　切片器设置

本模型涉及的切片器包括年度、月份、部门、货币单位。

1. 年度切片器

(1) 切换到“报表”视图。

(2) 在可视化窗格中，单击切片器按钮▦，画布中自动出现切片器。

(3) 在右侧字段列表中，选择表“Calendar”中的“年度”字段，按下鼠标左键将其拖动到可视化窗格中的“字段”框处。

（4）在可视化窗格中，单击按钮，切换到“格式”状态。

（5）单击展开“常规”选项，将“方向”参数设置为“水平”。

（6）单击展开“选择控件”选项，将“单项选择”选项打开。

（7）将“切片器标头”选项关闭。

（8）在“项目”选项下，将“文本大小”设置为 12。

（9）将“边框”选项打开。

（10）适当调整切片器大小与位置。

（11）设置完毕，保存文件。

2. 月份切片器

（1）切换到“报表”视图。

（2）在可视化窗格中，单击切片器按钮，画布中自动出现切片器。

（3）在右侧字段列表中，选择表“Calendar”中的“月份”字段，按下鼠标左键将其拖动到可视化窗格中的“字段”框处。

（4）在可视化窗格中，单击按钮，切换到“格式”状态。

（5）单击展开“常规”选项，将“方向”参数设置为“水平”。

（6）单击展开“选择控件”选项，将“单项选择”选项打开。

（7）将“切片器标头”选项关闭。

（8）在“项目”选项下，将“文本大小”设置为 12。

（9）将“边框”选项打开。

（10）适当调整切片器大小与位置。

（11）设置完毕，保存文件。

3. 部门切片器

（1）切换到“报表”视图。

（2）在可视化窗格中，单击切片器按钮，画布中自动出现切片器。

（3）在右侧字段列表中，选择表“部门”中的“部门名称”字段，按下鼠标左键将其拖动到可视化窗格中的“字段”框处。

（4）在可视化窗格中，单击按钮，切换到“格式”状态。

（5）单击展开“常规”选项，将“方向”参数设置为“水平”。

（6）将“切片器标头”选项关闭。

（7）在“项目”选项下，将“文本大小”设置为 12。

（8）将“边框”选项打开。

（9）在筛选器窗格中，将“部门名称”字段筛选类型设置为“基本筛选”，接着选中下方的“全选”，再单击“空白”选项去除其选中状态。

（10）适当调整切片器大小与位置。

（11）设置完毕，保存文件。

4. 货币单位切片器

（1）切换到“报表”视图。

（2）在可视化窗格中，单击切片器按钮，画布中自动出现切片器。

（3）在右侧字段列表中，选择表“货币单位”中的“货币单位”字段，按下鼠标左键将其拖动到可视化窗格中的“字段”框处。

（4）在可视化窗格中，单击按钮，切换到“格式”状态。

（5）单击展开“常规”选项，将“方向”参数设置为“水平”。

（6）单击展开“选择控件”选项，将“单项选择”选项打开。

（7）将“切片器标头”选项关闭。

（8）在“项目”选项下，将“文本大小”设置为12。

（9）将“边框”选项打开。

（10）适当调整切片器大小与位置。

（11）设置完毕，保存文件。

5.5.3 建立度量值

1. 上月费用

（1）在报表视图下的“建模”选项卡下，或者在数据视图下的“主页”或“表工具”选项卡下，单击功能区【新建度量值】按钮，出现新建度量值公式栏。

（2）在公式栏中输入以下公式，输入完毕，按<回车>键或者用鼠标单击公式栏前的【√】按钮保存度量值。

上月费用 = calculate（[本期费用], dateadd（'Calendar'[Date], -1, month））

2. 环比增长

（1）在报表视图下的“建模”选项卡下，或者在数据视图下的“主页”或“表工具”选项卡下，单击功能区【新建度量值】按钮，出现新建度量值公式栏。

（2）在公式栏中输入以下公式，输入完毕，按<回车>键或者用鼠标单击公式栏前的【√】按钮保存度量值。

环比增长 = [本期费用] - [上月费用]

3. 环比增长率

（1）在报表视图下的“建模”选项卡下，或者在数据视图下的“主页”或“表工具”选项卡下，单击功能区【新建度量值】按钮，出现新建度量值公式栏。

（2）在公式栏中输入以下公式，输入完毕，按<回车>键或者用鼠标单击公式栏前的【√】按钮保存度量值。

环比增长率 = divide（[环比增长], [上月费用]）

（3）接着，在功能区“格式”下拉框中将其数据格式设置为“百分比”。

（4）设置完毕，保存文件。

5.5.4 费用环比分析矩阵

（1）在报表视图下，在画布空白处单击鼠标，然后在可视化窗格中单击矩阵视觉对象图标，插入一个空白矩阵。

（2）将表“费用项目”中的“费用层次结构”拖动到该视觉对象的“行”字段处。在筛选器窗格中，将“一级费用”筛选条件设置为不等于空白。

（3）依次将度量值［上月费用］、［本期费用］、［环比增长］、［环比增长率］拖动到该视觉对象的“值”字段处。

（4）在可视化窗格中，单击 切换到格式设置状态，将“边框”选项打开。

（5）调整该视觉对象的大小与位置。

（6）设置完毕，保存文件。

5.5.5 累计费用环比差异分析

（1）在可视化窗格中单击【…】按钮，出现快捷菜单，选择其中的“从文件导入视觉对象”，导入本案例提供的视觉对象“Zebra BI Charts”。

（2）在画布空白处单击鼠标，然后在可视化窗格中单击该视觉对象图标，插入一个视觉对象。

（3）将表“费用项目”中的“一级费用”字段拖动到该视觉对象的“Category”字段处，将度量值［本期费用］拖动到该视觉对象的“Values”字段处，将度量值［上月费用］拖动到该视觉对象的“Previous year”字段处。在筛选器窗格中，将“一级费用”筛选条件设置为不等于空白。

（4）在可视化窗格中，单击 切换到格式设置状态，将“标题”选项关闭，将“边框”选项打开。

（5）调整该视觉对象的大小与位置。

（6）设置完毕，保存文件。

【思考题】

（1）如何计算本期费用和上年同期费用？

（2）如何计算本期累计费用和上年同期累计费用？

（3）如何计算环比增长率？

（4）如何根据凭证表中的科目列，拆分出科目编码和辅助核算编码？

【上机实训】根据本章案例数据，设计以下模型：

（1）费用同比分析。对上年同期费用、本期费用、同比增长率进行可视化分析，要求以年份季度作为切片器，可以选择货币单位为千元或万元。

（2）费用环比分析。对上期费用、本期费用、环比增长率进行可视化分析，要求以年份季度作为切片器，可以选择货币单位为千元或万元。

第6章 财务报表可视化分析

6.1 案例概况

6.1.1 案例功能与可视化效果

本案例可根据采集的上市公司财务报表或企业自身财务报表，进行报表分析、主要财务指标分析，盈利能力、偿债能力、营运能力、成长能力分析及综合对比分析，并可展示杜邦分析结果，便于使用者作出相关投资决策，也可为企业管理层实时分析企业财务状况、经营成果提供数据支持，便于及时发现企业痛点，及时采取跟进措施，为数据化运营提供支撑，可视化分析效果如下。

（1）资产负债表，见图6－1。

资产负债表

比亚迪 长城汽车

元 千元 万元

报表项目	2010	2011	2012	2013	2014	2015	2016	2017	2018	2019
货币资金	199252	404845	368397	537883	445316	659643	769367	990269	1305210	1265008
交易性金融资产						1821		110	45	3435
应收票据及应收账款			999174	1327518	2310428		4813038	5885368	4928353	4393380
应收票据	275621	431931	373146	558775	935236	679881	636238	697300		
应收账款	539659	548773	626028	768742	1375193	2151909	4176800	5188068	4928353	4393380
应收款项融资										700938
预付款项	61029	59873	52797	32643	33861	22696	20594	84881	35882	36276
其他应收款(合计)			30610	37646	56306		56322	82550	101038	156119
应收股利	2074	788								
其他应收款	23850	33406	30610	37646	56306	50941	56322	82550	101038	156119
存货	653785	659580	734483	822055	997832	1575055	1737844	1987280	2633035	2557156
一年内到期的非流动资产		3250	7750	10984	30758	49993	48204	128997		106051
其他流动资产				55554	198808	249228	378640	1108984	1614438	779636
流动资产合计	1755269	2142446	2193212	2824283	4073310	5441167	7824008	10268439	11521058	10696661
可供出售金融资产		1519	299	449	3500	307136	322524	418546		
长期应收款		1750	2250	3468	31531	6577	25367	104994	213441	124034
长期股权投资	5916	57198	94907	108851	141355	188872	224476	306491	356088	406018
投资性房地产								6671	9007	9690
在建工程(合计)							895695	773591	968377	1067485
在建工程	740136	919056	788287	600843	636462	575780	456542	451286	563881	572108
工程物资	383842	430832	139637	146381	237071	372976	439152	322305	404496	495377
固定资产及清理(合计)							3748321	4324482	4367863	4944336
固定资产净额	1747576	2153283	2577655	2813869	3001481	3236854	3748321	4324482	4367863	4944336
使用权资产										73049
无形资产	489734	532517	629549	745376	861126	879023	894627	1009818	1131383	1265031

图6－1 资产负债表

（2）利润表，见图6－2。

（3）主要财务指标，见图6－3。

（4）偿债能力，见图6－4。

利润表

比亚迪　长城汽车　元　千元　万元

报表项目	2010	2011	2012	2013	2014	2015	2016	2017	2018
归属于少数股东的综合收益总额	39,767.80	16,477.60	13,304.80	19,929.00	30,438.20	30,599.70	47,028.70	85,309.20	77,165.90
归属于母公司所有者的综合收益总额	252,874.50	131,943.90	7,246.70	51,278.00	43,759.50	379,602.10	518,303.80	437,691.00	121,914.20
八、综合收益总额	292,642.30	148,421.50	20,551.50	71,207.00	74,197.70	410,201.80	565,332.50	523,000.20	199,080.10
七、其他综合收益	783.30	-11,086.10	-737.50	-6,379.60	210.70	96,382.20	17,331.30	31,306.60	-156,539.20
稀释每股收益(元/股)			0.00	0.00	0.00		0.00	0.00	0.00
基本每股收益(元/股)	0.00	0.00	0.00	0.00	0.00	0.00	0.00	0.00	0.00
少数股东损益	39,517.60	21,045.10	13,151.30	22,280.70	30,634.50	31,475.50	42,785.80	85,045.80	77,599.90
归属于母公司所有者的净利润	252,341.40	138,462.50	8,137.70	55,305.90	43,352.50	282,344.10	505,215.40	406,647.80	278,019.40
五、净利润	291,859.00	159,507.60	21,289.00	77,586.60	73,987.00	313,819.60	548,001.20	491,693.60	355,619.30
减：所得税费用	22,367.70	13,240.80	7,783.50	5,621.50	13,408.20	65,679.00	108,839.80	70,370.50	82,944.70
四、利润总额	314,226.70	172,748.40	29,072.50	83,208.10	87,395.20	379,498.60	656,841.00	562,064.10	438,564.00
其中：非流动资产处置损失	4,105.10	941.40	1,395.10	1,144.80		3,605.10	13,671.70		
减：营业外支出	17,439.20	5,025.70	6,693.50	5,026.00	6,125.20	8,421.40	26,216.90	6,894.00	8,605.00
加:营业外收入	54,915.90	36,739.00	66,203.20	77,568.80	111,431.90	70,323.50	84,432.80	27,903.00	22,993.00
三、营业利润	276,750.00	141,035.10	-30,437.20	10,665.30	-17,911.50	317,596.50	598,625.10	541,055.10	424,176.00
其中:对联营企业和合营企业的投资收益	2,555.40	120.70	-2,450.30	-4,840.80	-12,238.90	-24,279.90	-59,982.40	-22,452.20	-22,472.40
投资收益	2,577.10	50,375.00	-1,118.90	-4,840.80	6,836.60	121,037.00	-72,602.70	-20,605.30	24,841.20
公允价值变动收益						1,820.70	-1,820.70	-11,816.60	-547.00
资产减值损失	2,070.00	48,524.60	32,425.80	27,230.30	29,388.40	55,164.80	56,573.10	24,258.60	68,641.60
研发费用									498,936.00
财务费用	37,014.10	77,129.60	86,362.40	116,025.90	138,912.50	144,599.50	122,219.00	231,440.10	299,710.10
管理费用	330,633.30	345,551.60	318,500.70	331,472.70	443,027.10	541,506.00	684,263.50	678,608.30	376,041.20
销售费用	217,588.10	179,975.70	151,179.70	201,184.50	222,875.80	286,799.20	419,633.90	492,528.80	472,948.10
营业税金及附加	65,965.60	96,971.40	110,920.70	120,353.40	95,743.50	126,732.60	151,171.70	132,947.70	214,562.90
营业成本	3,917,397.60	4,043,878.90	4,015,306.40	4,474,555.50	4,914,388.60	6,651,355.90	8,240,090.00	8,577,548.20	10,872,534.30

图6-2　利润表

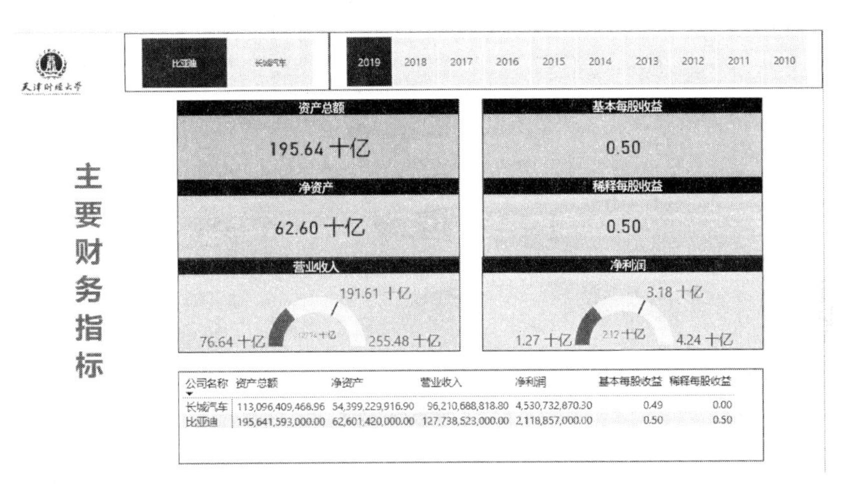

图6-3　主要财务指标

偿债能力分析

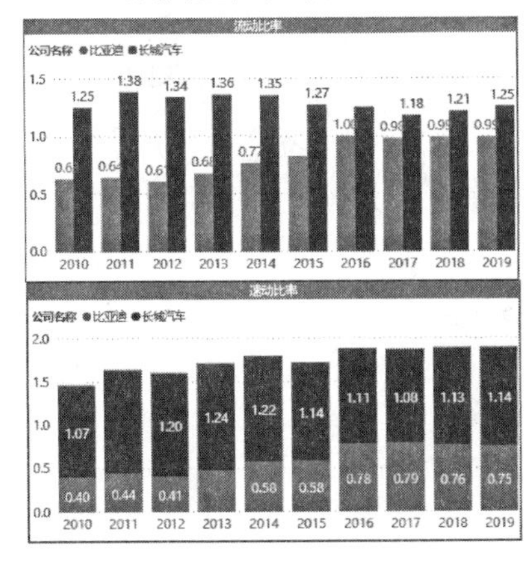

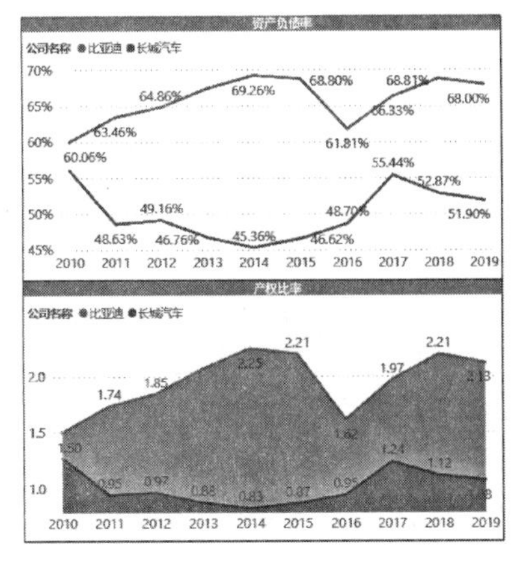

图6-4　偿债能力

（5）成长能力，见图 6－5。

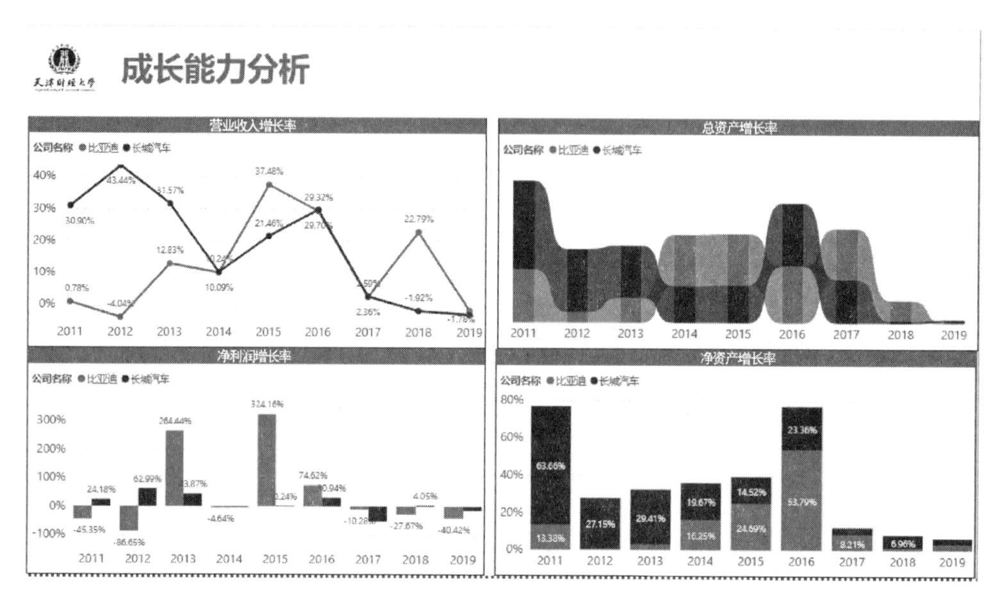

图 6－5　成长能力

（6）盈利能力，见图 6－6。

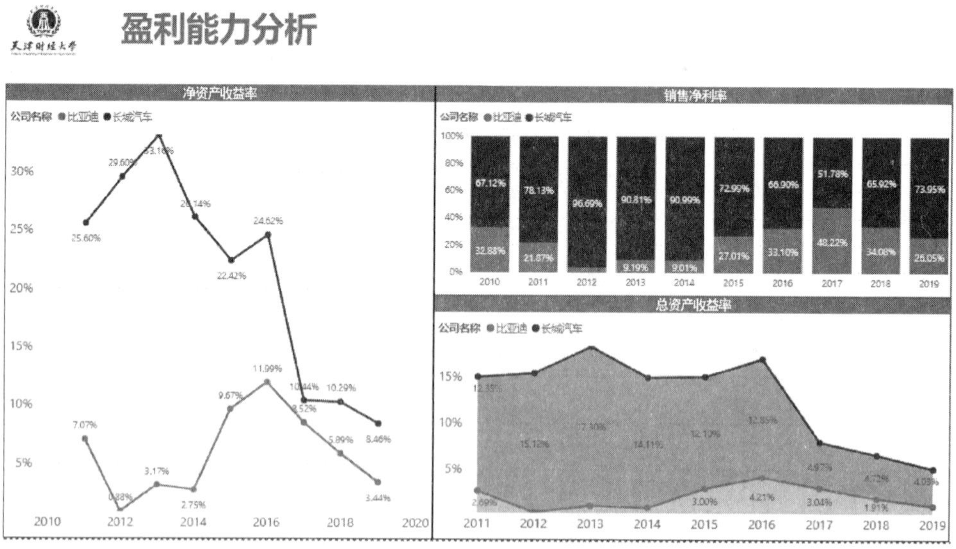

图 6－6　盈利能力

（7）营运能力，见图 6－7。

（8）综合对比分析，见图 6－8。

（9）杜邦分析，见图 6－9。

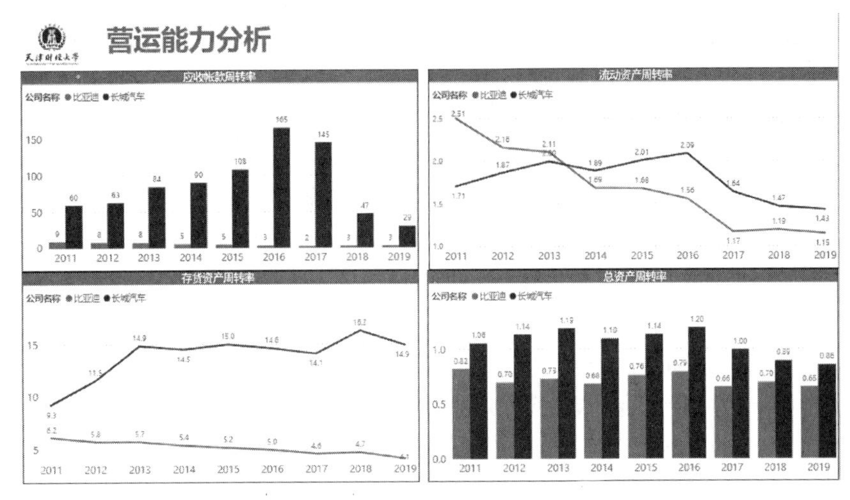

图6-7　营运能力

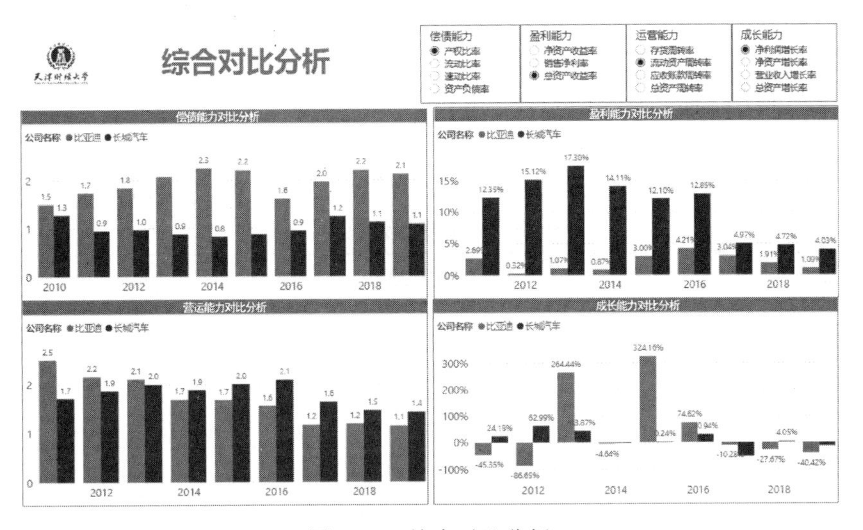

图6-8　综合对比分析

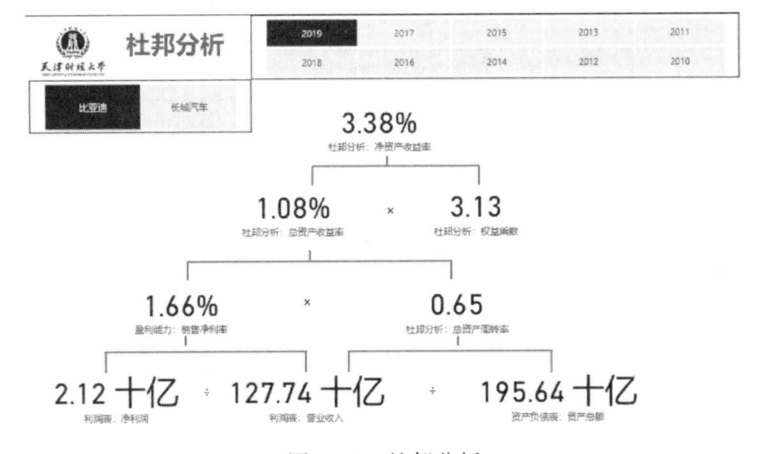

图6-9　杜邦分析

6.1.2 案例数据

本案例针对 A 和 B 两家公司，对其各年财务指标和财务比率进行对比分析，同时提供杜邦分析可视化功能。案例中 A 和 B 两公司 2010～2019 年各年资产负债表和利润表，原始数据格式如下。在资产负债表和利润表中，可以根据设置的公司自动显示报表数据，同时可以切换货币单位。在主要财务指标分析中，根据选定的公司和年度，以卡片形式显示资产总额、净资产、基本每股收益、稀释每股收益等财务指标，以仪表盘显示营业收入、净利润，并与目标值进行对比。在偿债能力分析中，以柱形图、折线图等多种视觉对象，自动显示对比两家公司十年间的偿债能力指标，包括流动比率、速动比率、资产负债率和产权比率。在成长能力分析中，以柱形图、折线图等多种视觉对象，自动显示对比两家公司十年间的成长能力指标，包括营业收入增长率、总资产增长率、净利润增长率和净资产增长率。在盈利能力分析中，以柱形图、折线图等多种视觉对象，自动显示对比两家公司十年间的盈利能力指标，包括净资产收益率、销售净利率和总资产收益率。在营运能力分析中，以柱形图、折线图等多种视觉对象，自动显示对比两家公司十年间的营运能力指标，包括应收账款周转率、存货周转率、流动资产周转率和总资产周转率。在综合对比分析中，可以选择要对比的偿债能力指标、盈利能力指标、营运能力指标和成长能力指标，然后自动对比分析两家公司各年度指标值。在杜邦分析中，根据选择的公司和年度，自动显示净资产收益率及其分解过程。

（1）资产负债表原始数据，分别存储于两个 Excel 文件，数据结构见表 6－1。

表 6－1　资产负债表原始数据　　单位：

报表日期	20191231	……	20101231
流动资产		……	
货币资金	12 650 083 000	……	1 992 519 000
……	……	……	……
流动负债		……	
短期借款	40 332 365 000	……	9 796 422 000
……	……	……	……
所有者权益		……	
实收资本（或股本）	2 728 143 000	……	2 275 100 000
……	……	……	……

（2）利润表原始数据，分别存储于两个不同的 Excel 文件，数据结构见表 6－2。

表 6－2　利润表原始数据

报表日期	20191231	……	20101231
一、营业总收入	1.28E+11	……	4.84E+10
营业收入	1.28E+11	……	4.84E+10
二、营业总成本	1.26E+11	……	4.57E+10

续表

营业成本	1.07E+11	……	3.92E+10
营业税金及附加	1.56E+09	……	6.6E+08
销售费用	4.35E+09	……	2.18E+09
管理费用	4.14E+09	……	3.31E+09
财务费用	3.01E+09	……	3.7E+08
研发费用	5.63E+09	……	0
资产减值损失	0	……	20 700 000
公允价值变动收益	9 749 000	……	0
投资收益	-8.1E+08	……	25 771 000
其中：对联营企业和合营企业的投资收益	-4.2E+08	……	25 554 000
汇兑收益	0	……	0
三、营业利润	2.31E+09	……	2.77E+09
加：营业外收入	2.26E+08	……	5.49E+08
减：营业外支出	1.07E+08	……	1.74E+08
其中：非流动资产处置损失	0	……	41 051 000
四、利润总额	2.43E+09	……	3.14E+09
减：所得税费用	3.12E+08	……	2.24E+08
五、净利润	2.12E+09	……	2.92E+09
归属于母公司所有者的净利润	1.61E+09	……	2.52E+09
少数股东损益	5.04E+08	……	3.95E+08
六、每股收益		……	
基本每股收益（元/股）	0.5	……	1.11
稀释每股收益（元/股）	0.5	……	0
七、其他综合收益	2.46E+08	……	7 833 000
八、综合收益总额	2.36E+09	……	2.93E+09
归属于母公司所有者的综合收益总额	1.86E+09	……	2.53E+09
归属于少数股东的综合收益总额	5.06E+08	……	3.98E+08

6.2　数据的导入与清洗

本案例数据来源于财经门户网站，包括 A 和 B 两家公司 2010 ~ 2019 年共 10 年的资产负债表和利润表，并分别存储于单独的 4 个 Excel 文件中，源文件内容需要在导入过程中进行清洗，以满足后续分析的需要。

6.2.1　资产负债表的导入与清洗

两家公司 2010 ~ 2019 年共 10 年的资产负债表分别存储于同一文件夹下的两个 Excel 文件中，需要从文件夹导入两个文件数据并进行清洗。

（1）运行 Power BI，新建一个空白文件。

（2）在功能区单击【获取数据】按钮，出现“获取数据”对话框，如图 6 - 10 所示。

图 6 - 10　获取数据

（3）在上述对话框中右侧列表中单击“文件夹”选项，然后再单击【连接】按钮，出现选择“文件夹”对话框，如图 6 - 11 所示。

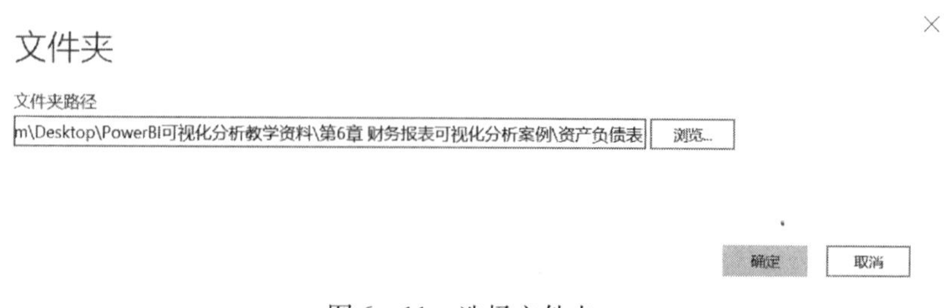

图 6 - 11　选择文件夹

（4）在上述对话框中单击【浏览】按钮，找到存放本案例资产负债表 Excel 文件的文件夹，然后单击【确定】按钮，出现图 6 – 12 所示的对话框。

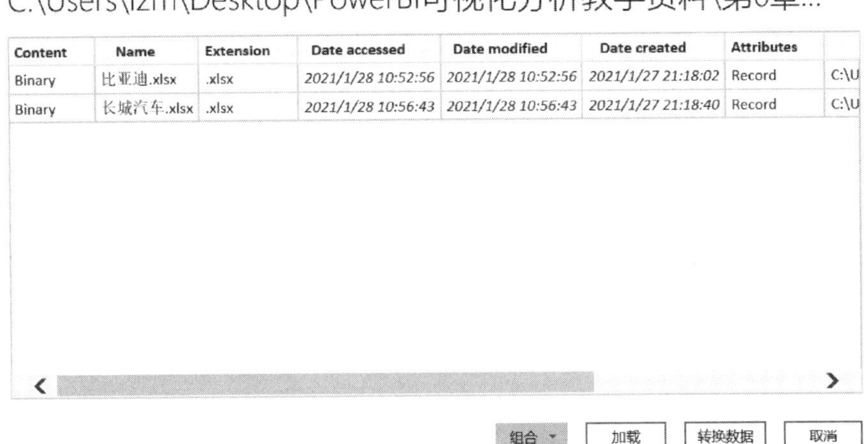

图 6 – 12　需要导入的 Excel 文件

（5）在上述对话框中单击【转换数据】按钮，进入“查询编辑器”界面，如图 6 – 13 所示。

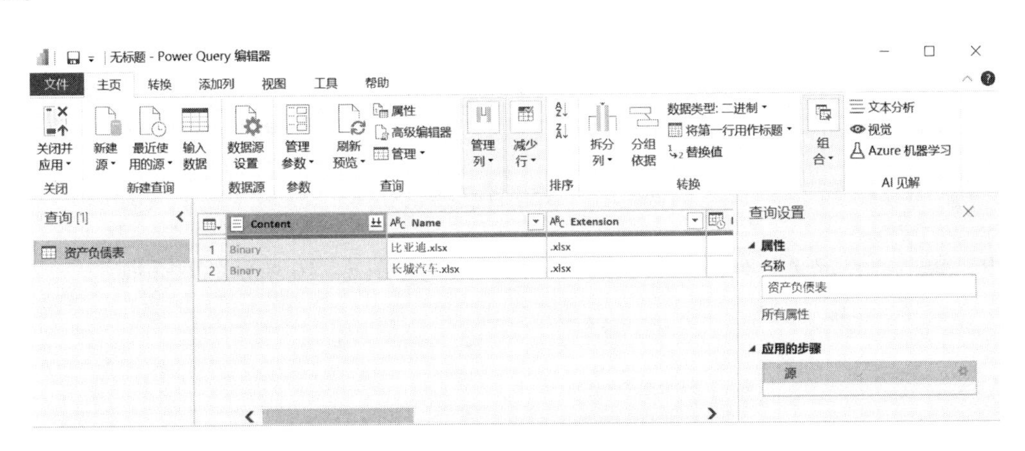

图 6 – 13　查询编辑器

（6）此时“content”列为被选中状态，再按下 <Ctrl> 键，单击“name”列标题，即可同时选中这两列，然后在这两列中的任一列列标题上单击鼠标右键，出现快捷菜单，选择快捷菜单中的【删除其他列】命令，将除了这两列以外的其他列删除。

（7）在查询编辑器中单击【添加列】按钮，切换到“添加列”选项卡，再单击功能区中的【自定义列】命令按钮，出现自定义列对话框，如图 6 – 14 所示。

（8）输入自定义列公式：= Excel. Workbook（[Content]，true），然后单击【确定】按钮，返回查询编辑器主界面，此时如图 6 – 15 所示。

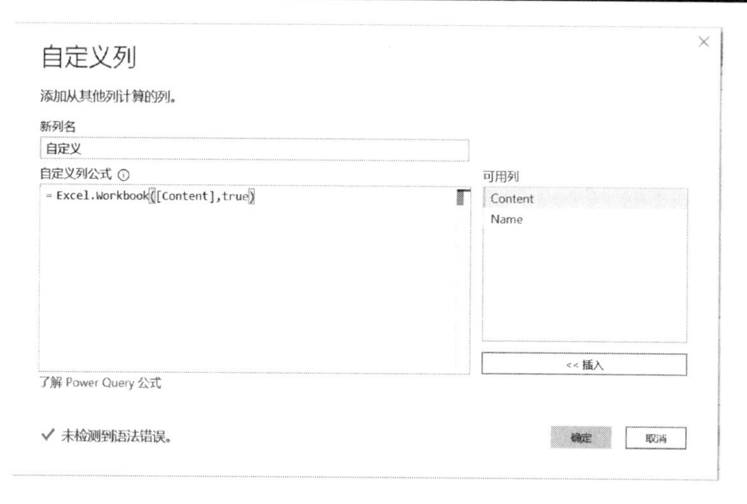

图 6－14 自定义列

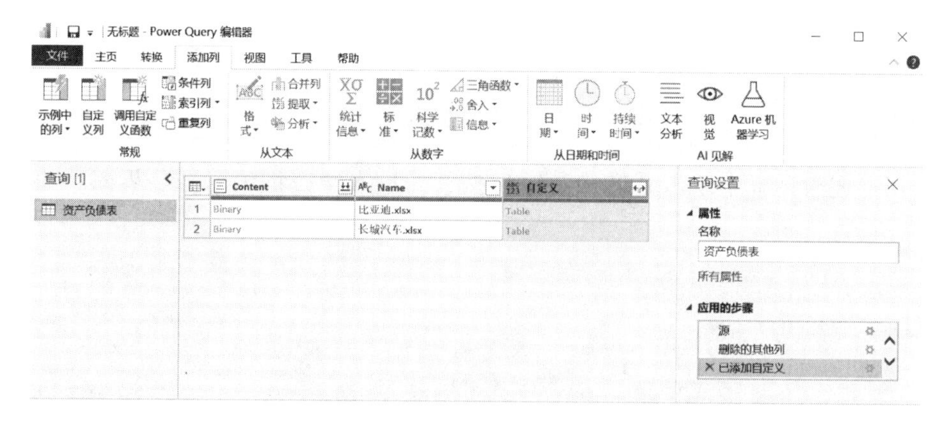

图 6－15 新增自定义列之后

（9）单击“自定义”列的按钮展开该列，出现如图 6－16 所示的对话框。

图 6－16 扩展“自定义”

（10）只选中“Data”列，然后直接单击【确定】按钮，结果如图 6－17 所示。

（11）继续单击“自定义 . Data”列的按钮展开该列，如图 6－18 所示。

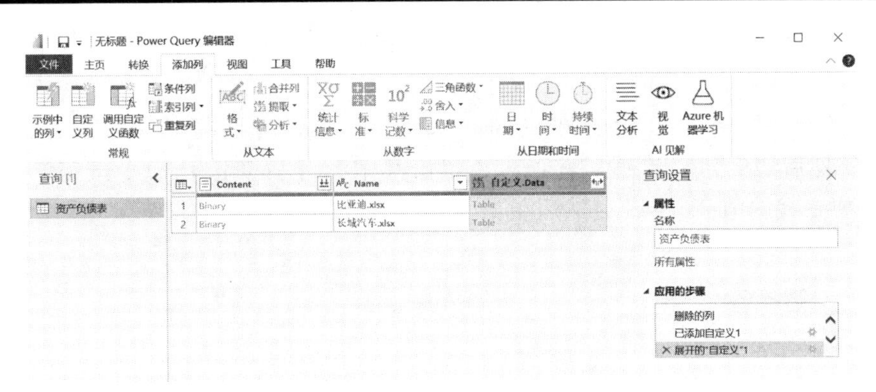

图 6 - 17　扩展"自定义"之后

图 6 - 18　展开"自定义 . Data"

（12）保持选中所有列，去除"使用原始列名作为前缀"选项，再单击【确定】按钮，展开后的结果如图 6 - 19 所示。

	Content	Name	报表日期	20191231	20181231
1	Binary	比亚迪.xlsx	流动资产	null	nul
2	Binary	比亚迪.xlsx	货币资金	12650083000	1305209500
3	Binary	比亚迪.xlsx	交易性金融资产	34345000	45100
4	Binary	比亚迪.xlsx	衍生金融资产	0	
5	Binary	比亚迪.xlsx	应收票据及应收账款	43933795000	4928353400
6	Binary	比亚迪.xlsx	应收票据	0	
7	Binary	比亚迪.xlsx	应收账款	43933795000	4928353400
8	Binary	比亚迪.xlsx	应收款项融资	7009379000	
9	Binary	比亚迪.xlsx	预付款项	362761000	35882200
10	Binary	比亚迪.xlsx	其他应收款(合计)	1561194000	101037800
11	Binary	比亚迪.xlsx	应收利息	0	
12	Binary	比亚迪.xlsx	应收股利	0	
13	Binary	比亚迪.xlsx	其他应收款	1561194000	101037800
14	Binary	比亚迪.xlsx	买入返售金融资产	0	
15	Binary	比亚迪.xlsx	存货	25571564000	2633034500
16	Binary	比亚迪.xlsx	划分为持有待售的资产	0	
17	Binary	比亚迪.xlsx	一年内到期的非流动资产	1060508000	
18	Binary	比亚迪.xlsx	待摊费用	0	
19	Binary	比亚迪.xlsx	待处理流动资产损益	0	
20	Binary	比亚迪.xlsx	其他流动资产	7796357000	1614437700
21	Binary	比亚迪.xlsx	流动资产合计	1.06967E+11	1.15211E+11
22	Binary	比亚迪.xlsx	非流动资产	null	nul

图 6 - 19　展开"自定义 . Data"之后

（13）右键单击“Content”列名，然后从快捷菜单中选择【删除】命令将该列删除。

（14）“name”列中公司名称包含“. xlsx”后缀，可以将其去除，方法是：选中“name”列，然后切换到“转换”选项卡，单击其中的【替换值】命令按钮，如图 6－20 所示。输入要查找的值“. xlsx”，然后单击【确定】按钮。

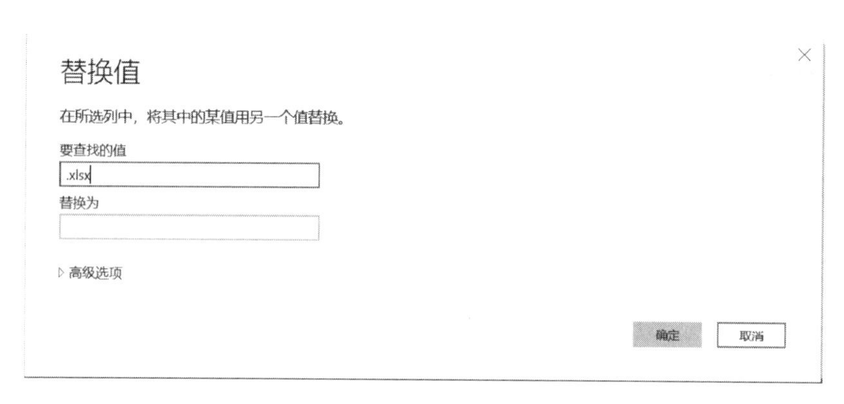

图 6－20　利用替换值去除公司名称后缀

（15）双击“name”列的列标题，将其重命名为“公司名称”，双击“报表日期”列的列标题，将其重命名为“报表项目”，然后切换到“主页”选项卡，在功能区中单击【数据类型 | 文本】，将“报表项目”列的数据类型改为“文本”。

（16）原始数据中，各年数据按不同列显示，不利于后续分析，需要利用逆透视功能进行转换。按下 <Ctrl> 键，依次单击“公司名称”列标题和“报表项目”列标题，同时选中这两列，然后单击鼠标右键，从快捷菜单中选择“逆透视其他列”，结果如图 6－21 所示。双击“属性”列标题，将其更名为“年份”，切换到“转换”选项卡，单击【日

	公司名称	报表项目	属性	值
1	比亚迪	货币资金	20191231	12650083000
2	比亚迪	货币资金	20181231	13052095000
3	比亚迪	货币资金	20171231	9902690000
4	比亚迪	货币资金	20161231	7693666000
5	比亚迪	货币资金	20151231	6596426000
6	比亚迪	货币资金	20141231	4453164000
7	比亚迪	货币资金	20131231	5378828000
8	比亚迪	货币资金	20121231	3683966000
9	比亚迪	货币资金	20111231	4048446000
10	比亚迪	货币资金	20101231	1992519000
11	比亚迪	交易性金融资产	20191231	34345000
12	比亚迪	交易性金融资产	20181231	451000
13	比亚迪	交易性金融资产	20171231	1095000
14	比亚迪	交易性金融资产	20161231	0
15	比亚迪	交易性金融资产	20151231	18207000
16	比亚迪	交易性金融资产	20141231	0

图 6－21　逆透视结果（仅截取部分数据）

期 | 年 | 月】，使得该列只显示年份（对于年度资产负债表，原则上应该显示当年最后一天的日期，此处稍作简化，只显示年份，后续利润表照此操作即可）。双击“值”列，将其重命名为“金额”，在“主页”选项卡中，单击【数据类型 | 小数】，将其数据类型更改为“小数”。

(17) 为了保证后续制作的资产负债表按项目顺序正常列示，需要针对报表项目建立索引。然而，由于存在多家公司、多个年份，资产负债表中的报表项目重复若干次，不便于针对该表直接建立索引，可按如下方法操作：

①在查询编辑器左侧列表中右键单击“资产负债表”，出现快捷菜单，选择其中的【复制】（“引用”命令上方的“复制”），快速复制一张表格。

②单击选中新复制的表格“资产负债表（2）”，在该表的“报表项目”列标题上单击右键，从出现的快捷菜单中选择【删除其他列】命令，将其他所有列删除，只保留报表项目一列。然后双击该表名，将其重命名为“报表项目”。

③切换到“主页”选项卡，选择【删除行 | 删除重复项】命令，将重复的项目删除。

④切换到“添加列”选项卡，选择【索引列 | 从 1】，为该表添加索引列，然后将索引列数据类型设置为“文本”。

⑤在左侧列表中选中“资产负债表”，切换到“主页”选项卡，单击【合并查询】按钮，出现合并查询对话框，如图 6 - 22 所示。选中“资产负债表”的“报表项目”列，在下拉框中选中要参与合并的表格“报表项目”，再选中该表的“报表项目”列，然后单击【确定】按钮。

图 6 - 22　合并查询

⑥合并结果如图 6 - 23 所示。单击“报表项目 . 1”后的按钮，如图 6 - 24 所示，

	公司名称	报表项目	日期	金额	报表项目.1
1	比亚迪	货币资金	2019/12/31	12650083000	Table
2	比亚迪	货币资金	2018/12/31	13052095000	Table
3	比亚迪	货币资金	2017/12/31	9902690000	Table
4	比亚迪	货币资金	2016/12/31	7693666000	Table
5	比亚迪	货币资金	2015/12/31	6596426000	Table
6	比亚迪	货币资金	2014/12/31	4453164000	Table
7	比亚迪	货币资金	2013/12/31	5378828000	Table
8	比亚迪	货币资金	2012/12/31	3683966000	Table
9	比亚迪	货币资金	2011/12/31	4048446000	Table
10	比亚迪	货币资金	2010/12/31	1992519000	Table
11	比亚迪	交易性金融资产	2019/12/31	34345000	Table
12	比亚迪	交易性金融资产	2018/12/31	451000	Table
13	比亚迪	交易性金融资产	2017/12/31	1095000	Table
14	比亚迪	交易性金融资产	2016/12/31	0	Table
15	比亚迪	交易性金融资产	2015/12/31	18207000	Table
16	比亚迪	交易性金融资产	2014/12/31	0	Table
17	比亚迪	交易性金融资产	2013/12/31	0	Table
18	比亚迪	交易性金融资产	2012/12/31	0	Table
19	比亚迪	交易性金融资产	2011/12/31	0	Table
20	比亚迪	交易性金融资产	2010/12/31	0	Table
21	比亚迪	衍生金融资产	2019/12/31	0	Table

图 6－23 合并结果

选中要展开的“索引”列，去除“使用原始列名作为前缀”选项，然后单击【确定】按钮。

⑦复制出来的“报表项目”表后续不再使用，选中该表，单击鼠标右键，从快捷菜单中将【启用加载】选项的选中状态去除。

(18) 数据导入清洗完毕，最终结果如图 6－25 所示。在“主页”选项卡中单击【关闭并应用】按钮，最后，保存文件。

图 6－24 展开索引列

	公司名称	报表项目	年份	金额	索引
1	比亚迪	货币资金	2019	12650083000	2
2	比亚迪	货币资金	2018	13052095000	2
3	比亚迪	货币资金	2017	9902690000	2
4	比亚迪	货币资金	2016	7693666000	2
5	比亚迪	货币资金	2015	6596426000	2
6	比亚迪	货币资金	2014	4453164000	2
7	比亚迪	货币资金	2013	5378828000	2
8	比亚迪	货币资金	2012	3683966000	2
9	比亚迪	货币资金	2011	4048446000	2
10	比亚迪	货币资金	2010	1992519000	2
11	比亚迪	交易性金融资产	2019	34345000	3
12	比亚迪	交易性金融资产	2018	451000	3
13	比亚迪	交易性金融资产	2017	1095000	3
14	比亚迪	交易性金融资产	2016	0	3
15	比亚迪	交易性金融资产	2015	18207000	3
16	比亚迪	交易性金融资产	2014	0	3
17	比亚迪	交易性金融资产	2013	0	3

图 6－25 数据清洗最终结果

6.2.2　利润表的导入与清洗

两家公司 2010 ~ 2019 年共 10 年的利润表分别存储于同一文件夹下的两个 Excel 文件中，需要从文件夹导入两个文件数据并进行清洗，具体步骤同上。

6.3　资产负债表分析

本模型中，可以选择公司和货币计量单位，然后动态显示该公司 2010 ~ 2019 年的资产负债表。

运行 Power BI，打开上述文件，然后按以下步骤操作。

6.3.1　设置 LOGO 和文本

1. 设置 LOGO

（1）切换到报表视图，双击默认页名称“第 1 页”，将其更名为“资产负债表”。

（2）选择“插入”选项卡。

（3）单击【图像】按钮，出现“打开”对话框。

（4）选择 LOGO 图片文件，然后单击【打开】按钮，即可插入 LOGO 图片。

（5）调整 LOGO 图片的大小与位置。

（6）设置完毕，保存文件。

2. 设置文本

（1）在“主页”或“插入”选项卡中，单击功能区的【文本】按钮，插入一个空白文本框。

（2）在文本框中输入文本内容“资产负债表”。

（3）设置字体颜色、字号、文本框背景色、边框等属性，调整大小与位置。

（4）设置完毕，保存文件。

6.3.2　设置切片器

1. 公司切片器

（1）切换到报表视图。

（2）在可视化窗格中，单击切片器按钮，画布中自动出现切片器。

（3）在右侧字段列表中，选择表“资产负债表”下的“公司名称”字段，按下鼠标左键将其拖动到可视化窗格中的“字段”框处。

（4）在可视化窗格中，单击按钮，切换到“格式”状态。

（5）单击展开“常规”选项，将“方向”参数设置为“水平”。

（6）单击展开“选择控件”选项，将“单项选择”选项打开。

（7）将“切片器标头”选项关闭。

（8）在“项目”选项下，可以设置项目的字体颜色、背景、边框、文本大小、字体系列等属性。在此，将“文本大小”设置为 12。

（9）将“边框”选项打开，并可设置边框颜色、半径等属性，在此保持默认值。

（10）适当调整切片器大小与位置。

（11）设置完毕，保存文件。

2. 建立货币单位辅助表

在本模型中，可以选择报表货币单位为元、千元和万元。为此，需要预先建立货币单位辅助表，然后通过设置切片器选择货币单位，后续建立度量值时只需用实际金额除以切片器选择的货币单位值即可。

（1）切换到报表视图。

（2）在“主页”选项卡中单击【输入数据】命令按钮，出现创建表对话框。

（3）按照图 6 – 26 所示输入各项内容，然后单击【加载】按钮。

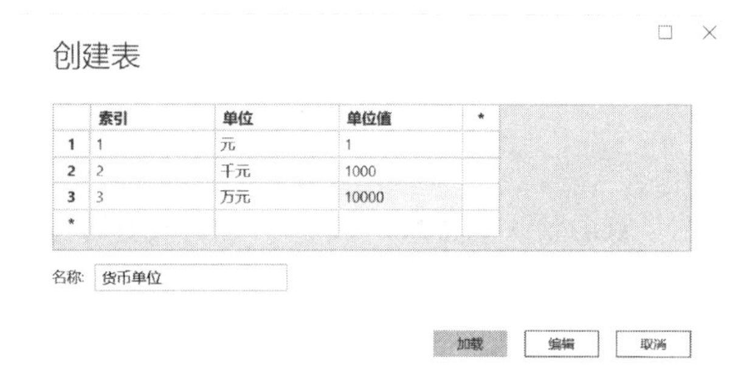

图 6 – 26　创建货币单位辅助表

（4）为了保证切片器货币单位按元、千元、万元的顺序显示，可对货币单位表进行排序，方法是：在字段窗格中选中“货币单位”表的“单位”字段，然后在功能区单击【字段排序 | 索引】，即可保证“单位”字段值按“索引”列进行排序。

（5）设置完毕，保存文件。

3. 设置货币单位切片器

（1）在可视化窗格中，单击切片器按钮，画布中自动出现切片器。

（2）在右侧字段列表中，选择表“货币单位”下的“单位”字段，按下鼠标左键将其拖动到可视化窗格中的“字段”框处。

（3）在可视化窗格中，单击按钮，切换到“格式”状态。

（4）单击展开“常规”选项，将“方向”参数设置为“水平”。

（5）单击展开“选择控件”选项，将“单项选择”选项打开。

（6）将“切片器标头”选项关闭。

（7）在“项目”选项下，可以设置项目的字体颜色、背景、边框、文本大小、字体系列等属性。在此，将“文本大小”设置为 12。

（8）将“边框”选项打开，并可设置边框颜色、半径等属性，在此保持默认值。

（9）适当调整切片器大小与位置。

（10）设置完毕，保存文件。

6.3.3　生成资产负债表

1. 建立“换算单位”度量值

（1）在功能区中单击【新建度量值】按钮，出现定义度量值公式栏。

（2）新建“资产负债表：金额”度量值，在公式栏中输入以下公式，然后按 <Enter> 键，或者单击公式前的【√】按钮确认公式。

换算单位 = selectedvalue（'货币单位'[单位值]）

（3）设置完毕，保存文件。

2. 建立“资产负债表：金额”度量值

（1）在功能区中单击【新建度量值】按钮，出现定义度量值公式栏。

（2）新建“资产负债表：金额”度量值，在公式栏中输入以下公式，然后按 <Enter> 键，或者单击公式前的【√】按钮确认公式。

资产负债表：金额 = if(sum('资产负债表'[金额]) = 0, blank(), if(HASONEVALUE('货币单位'[单位]), divide(sum('资产负债表'[金额]), [换算单位]), sum ('资产负债表'[金额])))

【注释】上述公式先判断金额是否为 0，为 0 则结果赋予空值，否则再判断是否在切片器中选择了一种货币单位，如果选择了货币单位，用原金额除以换算单位得到显示值，如未选择货币单位则直接显示原金额。

（3）设置完毕，保存文件。

3. 利用矩阵生成资产负债表

（1）在报表视图下，在画布空白处单击鼠标。

（2）在可视化窗格中单击矩阵按钮，画布中自动出现一个矩阵可视化对象。

（3）在字段窗格中选中“资产负债表”的“报表项目”字段，按下鼠标左键将其拖动到可视化窗格中的“行”字段处。

（4）在字段窗格中选中“资产负债表”的“年份”字段，按下鼠标左键将其拖动到可视化窗格中的“列”字段处。

（5）将度量值“资产负债表：金额”拖动到可视化窗格中的“值”字段处。

（6）在字段窗格中单击选中“资产负债表”中的“报表项目”字段，然后在功能区单击【按列排序 | 索引】命令，将报表项目按索引号顺序排列。

（7）在可视化窗格中，单击按钮，切换到“格式”状态，可设置矩阵的相关属性。

（8）调整矩阵的大小及位置。

（9）设置完毕，保存文件。

6.4　利润表分析

本模型中，可以选择公司和货币计量单位，然后动态显示该公司 2010 ~ 2019 年的利润表。

运行 Power BI，打开上述文件，然后按以下步骤操作。

6.4.1　设置 LOGO 和文本

1. 设置 LOGO

（1）切换到报表视图，页名称标签后的【+】按钮，新增一页，双击将其更名为“利润表”。

（2）选择“插入”选项卡。

（3）单击【图像】按钮，出现“打开”对话框。

（4）选择 LOGO 图片文件，然后单击【打开】按钮，即可插入 LOGO 图片。

（5）调整 LOGO 图片的大小与位置。

（6）设置完毕，保存文件。

2. 设置文本

（1）在“主页”或“插入”选项卡中，单击功能区的【文本】按钮，插入一个空白文本框。

（2）在文本框中输入文本内容“利润表”。

（3）设置字体颜色、字号、文本框背景色、边框等属性，调整大小与位置。

（4）设置完毕，保存文件。

6.4.2　设置切片器

1. 公司切片器

（1）切换到报表视图。

（2）在可视化窗格中，单击切片器按钮，画布中自动出现切片器。

（3）在右侧字段列表中，选择表“利润表”下的“公司名称”字段，按下鼠标左键将其拖动到可视化窗格中的“字段”框处。

（4）在可视化窗格中，单击按钮，切换到“格式”状态。

（5）单击展开“常规”选项，将“方向”参数设置为“水平”。

（6）单击展开“选择控件”选项，将“单项选择”选项打开。

（7）将“切片器标头”选项关闭。

（8）在“项目”选项下，可以设置项目的字体颜色、背景、边框、文本大小、字体系列等属性。在此，将“文本大小”设置为 12。

（9）将“边框”选项打开，并可设置边框颜色、半径等属性，在此保持默认值。

（10）适当调整切片器大小与位置。

（11）设置完毕，保存文件。

2. 设置货币单位切片器

（1）在可视化窗格中，单击切片器按钮，画布中自动出现切片器。

（2）在右侧字段列表中，选择表“货币单位”下的“单位”字段，按下鼠标左键将其拖动到可视化窗格中的“字段”框处。

（3）在可视化窗格中，单击按钮，切换到“格式”状态。

(4) 单击展开“常规”选项，将“方向”参数设置为“水平”。

(5) 单击展开“选择控件”选项，将“单项选择”选项打开。

(6) 将“切片器标头”选项关闭。

(7) 在“项目”选项下，可以设置项目的字体颜色、背景、边框、文本大小、字体系列等属性。在此，将“文本大小”设置为12。

(8) 将“边框”选项打开，并可设置边框颜色、半径等属性，在此保持默认值。

(9) 适当调整切片器大小与位置。

(10) 设置完毕，保存文件。

6.4.3 生成利润表

1. 建立“利润表：金额”度量值

(1) 在功能区中单击【新建度量值】按钮，出现定义度量值公式栏。

(2) 新建“资产负债表：金额”度量值，在公式栏中输入以下公式，然后按<Enter>键，或者单击公式前的【√】按钮确认公式。

利润表：金额 = if (sum ('利润表' [金额]) = 0, blank (), if (HASONEVALUE ('货币单位' [单位]), divide (sum ('利润表' [金额]), [换算单位]), sum ('利润表' [金额])))

【注释】 上述公式先判断金额是否为0，为0则结果赋予空值，否则再判断是否在切片器中选择了一种货币单位，如果选择了货币单位，用原金额除以换算单位得到显示值，如未选择货币单位则直接显示原金额。

(3) 设置完毕，保存文件。

2. 利用矩阵生成利润表

(1) 在报表视图下，在画布空白处单击鼠标。

(2) 在可视化窗格中单击矩阵按钮，画布中自动出现一个矩阵可视化对象。

(3) 在字段窗格中选中“利润表”的“报表项目”字段，按下鼠标左键将其拖动到可视化窗格中的“行”字段处。

(4) 在字段窗格中选中“利润表”的“年份”字段，按下鼠标左键将其拖动到可视化窗格中的“列”字段处。

(5) 将度量值“利润表：金额”拖动到可视化窗格中的“值”字段处。

(6) 在字段窗格中单击选中“利润表”中的“报表项目”字段，然后在功能区单击【按列排序 | 索引】命令，将报表项目按索引号顺序排列。

(7) 在可视化窗格中，单击按钮，切换到“格式”状态，可设置矩阵的相关属性。

(8) 调整矩阵的大小及位置。

(9) 设置完毕，保存文件。

6.5 主要财务指标分析

本模型中，可以选择公司和年份，然后动态显示该公主要财务指标数据，并以矩阵形式比较两家公司各年指标。作为示例，本模型选取了资产总额、净资产、营业收入、基本每股收益、稀释每股收益和净利润六个财务指标。

运行 Power BI，打开上述文件，然后按以下步骤操作。

6.5.1　设置 LOGO 和文本

1. 设置 LOGO

（1）切换到报表视图，页名称标签后的【 + 】按钮，新增一页，双击将其更名为“主要财务指标”。

（2）选择“插入”选项卡。

（3）单击【图像】按钮，出现“打开”对话框。

（4）选择 LOGO 图片文件，然后单击【打开】按钮，即可插入 LOGO 图片。

（5）调整 LOGO 图片的大小与位置。

（6）设置完毕，保存文件。

2. 设置文本

（1）在“主页”或“插入”选项卡中，单击功能区的【文本】按钮，插入一个空白文本框。

（2）在文本框中输入文本内容“主要财务指标”。

（3）设置字体颜色、字号、文本框背景色、边框等属性，调整大小与位置。

（4）设置完毕，保存文件。

6.5.2　设置辅助表并建立表间关系

本模型中，切片器包括公司切片器和年份切片器，而主要财务指标分别来自资产负债表和利润表两张表，为了能够响应切片器的操作，需要预先建立“公司”和“年份”辅助表，并分别建立与资产负债表和利润表的关系。

1. 设置“公司”辅助表

（1）在报表视图下，切换到“建模”选项卡。

（2）在功能区中单击【新建表】命令，出现新建表公式栏。

（3）在公式栏中输入以下公式，然后按 <Enter> 键，或者单击公式前的【√】按钮保存公式。

公司 = values（'利润表'［公司名称］）

（4）设置完毕，保存文件。

2. 设置“年份”辅助表

（1）在报表视图下，切换到“建模”选项卡。

（2）在功能区中单击【新建表】命令，出现新建表公式栏。

（3）在公式栏中输入以下公式，然后按 <Enter> 键，或者单击公式前的【√】按钮保存公式。

年份 = values（'利润表'［年份］）

（4）设置完毕，保存文件。

3. 建立表间关系

（1）切换到关系视图。

（2）将“公司”表中的“公司名称”字段拖动到“资产负债表”表中的“公司名称”字段，然后释放鼠标，便通过“公司名称”在两表之间建立了关系。

（3）将“公司”表中的“公司名称”字段拖动到“利润表”表中的“公司名称”字段，然后释放鼠标，便通过“公司名称”在两表之间建立了关系。

（4）将“年份”表中的“年份”字段拖动到“资产负债表”表中的“年份”字段，然后释放鼠标，便通过“年份”在两表之间建立了关系。

（5）将“年份”表中的“年份”字段拖动到“利润表”表中的“年份”字段，然后释放鼠标，便通过“年份”在两表之间建立了关系。

（6）设置完毕，保存文件。

6.5.3 设置切片器

1. 公司切片器

（1）切换到报表视图。

（2）在可视化窗格中，单击切片器按钮，画布中自动出现切片器。

（3）在右侧字段列表中，选择表“公司”下的“公司名称”字段，按下鼠标左键将其拖动到可视化窗格中的“字段”框处。

（4）在可视化窗格中，单击按钮，切换到“格式”状态。

（5）单击展开“常规”选项，将“方向”参数设置为“水平”。

（6）单击展开“选择控件”选项，将“单项选择”选项打开。

（7）将“切片器标头”选项关闭。

（8）在“项目”选项下，可以设置项目的字体颜色、背景、边框、文本大小、字体系列等属性。在此，将“文本大小”设置为12。

（9）将“边框”选项打开，并可设置边框颜色、半径等属性，在此保持默认值。

（10）适当调整切片器大小与位置。

（11）设置完毕，保存文件。

2. 年份切片器

（1）在可视化窗格中，单击切片器按钮，画布中自动出现切片器。

（2）在右侧字段列表中，选择表“年份”下的“年份”字段，按下鼠标左键将其拖动到可视化窗格中的“字段”框处。

（3）在可视化窗格中，单击按钮，切换到“格式”状态。

（4）单击展开“常规”选项，将“方向”参数设置为“水平”。

（5）单击展开“选择控件”选项，将“单项选择”选项打开。

（6）将“切片器标头”选项关闭。

（7）在“项目”选项下，可以设置项目的字体颜色、背景、边框、文本大小、字体系列等属性。在此，将“文本大小”设置为12。

（8）将“边框”选项打开，并可设置边框颜色、半径等属性，在此保持默认值。

（9）适当调整切片器大小与位置。

（10）设置完毕，保存文件。

6.5.4　建立度量值

根据本模型选取的财务指标，需要建立以下度量值。

1. 资产总额

（1）在功能区中单击【新建度量值】按钮，出现定义度量值公式栏。

（2）在公式栏中输入以下公式，然后按 <Enter> 键，或者单击公式前的【√】按钮确认公式。

资产负债表：资产总额 = calculate（sum（'资产负债表'［金额］），'资产负债表'［报表项目］="资产总计"）

（3）设置完毕，保存文件。

2. 净资产

（1）在功能区中单击【新建度量值】按钮，出现定义度量值公式栏。

（2）在公式栏中输入以下公式，然后按 <Enter> 键，或者单击公式前的【√】按钮确认公式。

资产负债表：净资产 = calculate（sum（'资产负债表'［金额］），'资产负债表'［报表项目］="所有者权益（或股东权益）合计"）

（3）设置完毕，保存文件。

3. 基本每股收益

（1）在功能区中单击【新建度量值】按钮，出现定义度量值公式栏。

（2）在公式栏中输入以下公式，然后按 <Enter> 键，或者单击公式前的【√】按钮确认公式。

利润表：基本每股收益 = calculate（sum（'利润表'［金额］），'利润表'［报表项目］="基本每股收益（元/股）"）

（3）设置完毕，保存文件。

4. 稀释每股收益

（1）在功能区中单击【新建度量值】按钮，出现定义度量值公式栏。

（2）在公式栏中输入以下公式，然后按 <Enter> 键，或者单击公式前的【√】按钮确认公式。

利润表：稀释每股收益 = calculate（sum（'利润表'［金额］），'利润表'［报表项目］="稀释每股收益（元/股）"）

（3）设置完毕，保存文件。

5. 营业收入

（1）在功能区中单击【新建度量值】按钮，出现定义度量值公式栏。

（2）在公式栏中输入以下公式，然后按 <Enter> 键，或者单击公式前的【√】按钮确认公式。

利润表：营业收入 = calculate（sum（'利润表'［金额］），'利润表'［报表项目］= "一、营业总收入"）

（3）设置完毕，保存文件。

【注释】本模型中，通过仪表显示营业收入指标，因此还需按如下步骤分别建立“营业收入最大值”“营业收入最小值”“营业收入目标值”等度量值。以下分别假定，营业收入最大值为实际营业收入的 2 倍；营业收入最小值为实际营业收入的 60%；营业收入目标值为实际营业收入的 1.5 倍。

6. 营业收入最大值

（1）在功能区中单击【新建度量值】按钮，出现定义度量值公式栏。

（2）在公式栏中输入以下公式，然后按 < Enter > 键，或者单击公式前的【√】按钮确认公式。

利润表：营业收入最大值 =［利润表：营业收入］*2

（3）设置完毕，保存文件。

7. 营业收入最小值

（1）在功能区中单击【新建度量值】按钮，出现定义度量值公式栏。

（2）在公式栏中输入以下公式，然后按 < Enter > 键，或者单击公式前的【√】按钮确认公式。

利润表：营业收入最小值 =［利润表：营业收入］*0.6

（3）设置完毕，保存文件。

8. 营业收入目标值

（1）在功能区中单击【新建度量值】按钮，出现定义度量值公式栏。

（2）在公式栏中输入以下公式，然后按 < Enter > 键，或者单击公式前的【√】按钮确认公式。

利润表：营业收入目标值 =［利润表：营业收入］*1.5

（3）设置完毕，保存文件。

9. 净利润

（1）在功能区中单击【新建度量值】按钮，出现定义度量值公式栏。

（2）在公式栏中输入以下公式，然后按 < Enter > 键，或者单击公式前的【√】按钮确认公式。

利润表：净利润 = calculate（sum（'利润表'［金额］），'利润表'［报表项目］= "五、净利润"）

（3）设置完毕，保存文件。

【注释】本模型中，通过仪表显示净利润指标，因此还需按如下步骤分别建立“净利润最大值”“净利润最小值”“净利润目标值”等度量值。以下分别假定，净利润最大值为实际净利润的 2 倍；净利润最小值为实际净利润的 60%；净利润目标值为实际净利润的 1.5 倍。

10. 净利润最大值

（1）在功能区中单击【新建度量值】按钮，出现定义度量值公式栏。

（2）在公式栏中输入以下公式，然后按 <Enter> 键，或者单击公式前的【√】按钮确认公式。

利润表：净利润最大值 = [利润表：净利润] * 2

（3）设置完毕，保存文件。

11. 净利润最小值

（1）在功能区中单击【新建度量值】按钮，出现定义度量值公式栏。

（2）在公式栏中输入以下公式，然后按 <Enter> 键，或者单击公式前的【√】按钮确认公式。

利润表：净利润最小值 = [利润表：净利润] * 0.6

（3）设置完毕，保存文件。

12. 净利润目标值

（1）在功能区中单击【新建度量值】按钮，出现定义度量值公式栏。

（2）在公式栏中输入以下公式，然后按 <Enter> 键，或者单击公式前的【√】按钮确认公式。

利润表：净利润目标值 = [利润表：净利润] * 1.5

（3）设置完毕，保存文件。

6.5.5　设置可视化对象

1. 资产总额卡片图

（1）在报表视图下，在画布空白处单击鼠标。

（2）在可视化窗格中单击卡片图按钮，画布中自动出现一个卡片图可视化对象。

（3）在字段窗格中选中度量值“资产负债表：资产总额”，按下鼠标左键将其拖动到可视化窗格中的“字段”栏处。

（4）在可视化窗格中，单击按钮，切换到“格式”状态，设置卡片图的相关属性。在“数据标签”选项下，设置颜色为黑色，“文本大小”为 42；将“类别标签”选项关闭；将“标题”选项开关打开，输入标题“资产总额”，背景颜色为黑色，对齐方式为居中，“文本大小”为 16；将“背景”选项开关打开，设置背景色为淡蓝色，设置透明度为 30%；将“边框”选项开关打开。

（5）调整卡片图的大小及位置。

（6）设置完毕，保存文件。

2. 基本每股收益卡片图

（1）在报表视图下，在画布空白处单击鼠标。

（2）在可视化窗格中单击卡片图按钮，画布中自动出现一个卡片图可视化对象。

（3）在字段窗格中选中度量值“利润表：基本每股收益”，按下鼠标左键将其拖动到可视化窗格中的“字段”栏处。

（4）在可视化窗格中，单击按钮，切换到“格式”状态，设置卡片图的相关属性。在“数据标签”选项下，设置颜色为黑色，“文本大小”为 42；将“类别标签”选项关闭；将“标题”选项开关打开，输入标题“基本每股收益”，背景颜色为黑色，对齐方式为居中，“文本大小”为 16；将“背景”选项开关打开，设置背景色为淡蓝色，设置透明度为 40%；将“边框”选项开关打开。

（5）调整卡片图的大小及位置。

（6）设置完毕，保存文件。

3. 净资产卡片图

（1）在报表视图下，在画布空白处单击鼠标。

（2）在可视化窗格中单击卡片图按钮，画布中自动出现一个卡片图可视化对象。

（3）在字段窗格中选中度量值“资产负债表：净资产”，按下鼠标左键将其拖动到可视化窗格中的“字段”栏处。

（4）在可视化窗格中，单击按钮，切换到“格式”状态，设置卡片图的相关属性。在“数据标签”选项下，设置颜色为黑色，“文本大小”为 42；将“类别标签”选项关闭；将“标题”选项开关打开，输入标题“净资产”，背景颜色为黑色，对齐方式为居中，“文本大小”为 16；将“背景”选项开关打开，设置背景色为淡蓝色，设置透明度为 50%；将“边框”选项开关打开。

（5）调整卡片图的大小及位置。

（6）设置完毕，保存文件。

4. 稀释每股收益卡片图

（1）在报表视图下，在画布空白处单击鼠标。

（2）在可视化窗格中单击卡片图按钮，画布中自动出现一个卡片图可视化对象。

（3）在字段窗格中选中度量值“利润表：稀释每股收益”，按下鼠标左键将其拖动到可视化窗格中的“字段”栏处。

（4）在可视化窗格中，单击按钮，切换到“格式”状态，设置卡片图的相关属性。在“数据标签”选项下，设置颜色为黑色，“文本大小”为 42；将“类别标签”选项关闭；将“标题”选项开关打开，输入标题“稀释每股收益”，背景颜色为黑色，对齐方式为居中，“文本大小”为 16；将“背景”选项开关打开，设置背景色为淡蓝色，设置透明度为 60%；将“边框”选项开关打开。

（5）调整卡片图的大小及位置。

（6）设置完毕，保存文件。

5. 营业收入仪表

（1）在报表视图下，在画布空白处单击鼠标。

（2）在可视化窗格中单击仪表按钮，画布中自动出现一个仪表可视化对象。

（3）在字段窗格中选中度量值“利润表：营业收入”，按下鼠标左键将其拖动到可视化窗格中的“值”字段处，将度量值“利润表：营业收入最小值”拖动到可视化窗格中的“最小值”字段处，将度量值“利润表：营业收入最大值”拖动到可视化窗格中的“最大值”字段处，将度量值“利润表：营业收入目标值”拖动到可视化窗格中的“目标值”字段处。

（4）在可视化窗格中，单击按钮，切换到“格式”状态，设置仪表的相关属性。在“数据标签”选项下，设置颜色为黑色，“文本大小”为 16；在“目标”选项下，将“文本大小”设置为 16；将“类别标签”选项关闭；将“标题”选项开关打开，输入标题“营业收入”，背景颜色为黑色，对齐方式为居中，“文本大小”为16；将“背景”选项开关打开，设置背景色为淡黄色，设置透明度为10%；将“边框”选项开关打开。

（5）调整仪表的大小及位置。

（6）设置完毕，保存文件。

6. 净利润仪表

（1）在报表视图下，在画布空白处单击鼠标。

（2）在可视化窗格中单击仪表按钮，画布中自动出现一个仪表可视化对象。

（3）在字段窗格中选中度量值“利润表：净利润”，按下鼠标左键将其拖动到可视化窗格中的“值”字段处，将度量值“利润表：净利润最小值”拖动到可视化窗格中的“最小值”字段处，将度量值“利润表：净利润最大值”拖动到可视化窗格中的“最大值”字段处，将度量值“利润表：净利润目标值”拖动到可视化窗格中的“目标值”字段处。

（4）在可视化窗格中，单击按钮，切换到“格式”状态，设置仪表的相关属性。在“数据标签”选项下，设置颜色为黑色，“文本大小”为16；在“目标”选项下，将“文本大小”设置为16；将“类别标签”选项关闭；将“标题”选项开关打开，输入标题“净利润”，背景颜色为黑色，对齐方式为居中，“文本大小”为16；将“背景”选项开关打开，设置背景色为淡黄色，设置透明度为30%；将“边框”选项开关打开。

（5）调整仪表的大小及位置。

（6）设置完毕，保存文件。

7. 主要财务指标比较矩阵

（1）在报表视图下，在画布空白处单击鼠标。

（2）在可视化窗格中单击矩阵按钮，画布中自动出现一个矩阵可视化对象。

（3）在字段窗格中选中“公司”表的“公司名称”字段，按下鼠标左键将其拖动到可视化窗格中的“行”字段处，再依次将度量值“资产负债表：资产总额”“资产负债表：净资产”“利润表：营业收入”“利润表：净利润”“利润表：基本每股收益”“利润表：稀释每股收益”拖动到可视化窗格中的“值”字段处，然后在可视化窗格值字段处依次双击各度量值，分别将其重命名为“资产总额”“净资产”“营业收入”“净利润”“基本每股收益”“稀释每股收益”。

（4）在可视化窗格中，单击按钮，切换到“格式”状态，设置矩阵的相关属性。在“列标题”选项下，将“文本大小”设置为12，将“背景色”设置为黑色，将“字体颜色”设置为白色；在“行标题”选项下，将“文本大小”设置为12，将“背景色”设置为黑色，将“字体颜色”设置为白色；在“值”选项下，将“文本大小”设置为12；在“小计”选项下，将“行小计”开关关闭；将“边框”选项开关打开。

（5）设置矩阵对公司切片器的交互。单击选中公司切片器，切换到“格式”选项卡，单击【编辑交互】按钮，进入交互编辑状态。单击矩阵右上方的按钮，关闭矩阵对公司切片器的交互。再次单击【编辑交互】按钮，退出交互编辑状态。

（6）设置各指标卡片图和仪表对矩阵的交互。单击选中矩阵可视化对象，切换到“格式”选项卡，单击【编辑交互】按钮，进入交互编辑状态。依次单击各卡片图和仪表右上方的按钮，关闭各卡片图和仪表对矩阵的交互。再次单击【编辑交互】按钮，退出交互编辑状态。

（7）调整仪表的大小及位置。

（8）设置完毕，保存文件。

6.6　偿债能力分析

本模型选取的偿债能力指标包括流动比率、速动比率、资产负债率和产权比率，用于比较两家公司各年偿债能力。

运行Power BI，打开上述文件，然后按以下步骤操作。

6.6.1　设置LOGO和文本

1. 设置LOGO

（1）切换到报表视图，页名称标签后的【+】按钮，新增一页，双击将其更名为“偿债能力”。

（2）选择“插入”选项卡。

（3）单击【图像】按钮，出现“打开”对话框。

（4）选择LOGO图片文件，然后单击【打开】按钮，即可插入LOGO图片。

（5）调整LOGO图片的大小与位置。

（6）设置完毕，保存文件。

2. 设置文本

（1）在“主页”或“插入”选项卡中，单击功能区的【文本】按钮，插入一个空白文本框。

（2）在文本框中输入文本内容“偿债能力分析”。

（3）设置字体颜色、字号、文本框背景色、边框等属性，调整大小与位置。

（4）设置完毕，保存文件。

6.6.2　建立度量值

1. 流动比率

（1）在功能区中单击【新建度量值】按钮，出现定义度量值公式栏。

（2）在公式栏中输入以下公式，然后按 <Enter> 键，或者单击公式前的【√】按钮确认公式。

偿债能力：流动比率 = divide（calculate（sum（'资产负债表'［金额］），'资产负债表'［报表项目］="流动资产合计"），calculate（sum（'资产负债表'［金额］），'资产负债表'［报表项目］="流动负债合计"））

（3）设置完毕，保存文件。

2. 速动比率

（1）在功能区中单击【新建度量值】按钮，出现定义度量值公式栏。

（2）在公式栏中输入以下公式，然后按 < Enter > 键，或者单击公式前的【√】按钮确认公式。

偿债能力：速动比率 = divide（calculate（sum（'资产负债表'［金额］），'资产负债表'［报表项目］="流动资产合计"）- calculate（sum（'资产负债表'［金额］），'资产负债表'［报表项目］="存货"），calculate（sum（'资产负债表'［金额］），'资产负债表'［报表项目］="流动负债合计"））

（3）设置完毕，保存文件。

3. 资产负债率

（1）在功能区中单击【新建度量值】按钮，出现定义度量值公式栏。

（2）在公式栏中输入以下公式，然后按 < Enter > 键，或者单击公式前的【√】按钮确认公式。

偿债能力：资产负债率 = divide（calculate（sum（'资产负债表'［金额］），'资产负债表'［报表项目］="负债合计"），calculate（sum（'资产负债表'［金额］），'资产负债表'［报表项目］="资产总计"））

（3）设置完毕，保存文件。

4. 产权比率

（1）在功能区中单击【新建度量值】按钮，出现定义度量值公式栏。

（2）在公式栏中输入以下公式，然后按 < Enter > 键，或者单击公式前的【√】按钮确认公式。

偿债能力：产权比率 = divide（calculate（sum（'资产负债表'［金额］），'资产负债表'［报表项目］="负债合计"），calculate（sum（'资产负债表'［金额］），'资产负债表'［报表项目］="所有者权益（或股东权益）合计"））

（3）设置完毕，保存文件。

6.6.3　设置可视化对象

1. 流动比率簇状柱形图

（1）在报表视图下，在画布空白处单击鼠标。

（2）在可视化窗格中单击簇状柱形图按钮，画布中自动出现一个簇状柱形图可视化对象。

（3）在字段窗格中，选中“年份”表中的“年份”字段，按下鼠标左键将其拖动到可视化窗格中的“轴”字段处；选中“公司”表中的“公司名称”字段，按下鼠标左键将其拖动到可视化窗格中的“图例”字段处；选中度量值“偿债能力：流动比率”，按下鼠标左键将其拖动到可视化窗格中的“值”字段处。

（4）在可视化窗格中，单击按钮，切换到“格式”状态，设置簇状柱形图的相关属性。将“数据标签”选项开关打开，将“文本大小”设置为 12；将“标题”选项开关打开，输入标题文本“流动比率”，将字体颜色设置为白色，将背景色设置为红色，将对齐方式设置为居中，将“文本大小”设置为12；将“背景”选项开关打开，将背景色设置为白色；将“边框”选项开关打开。

（5）调整簇状柱形图的大小及位置。

（6）设置完毕，保存文件。

2. 速动比率堆积柱形图

（1）在报表视图下，在画布空白处单击鼠标。

（2）在可视化窗格中单击堆积柱形图按钮，画布中自动出现一个堆积柱形图可视化对象。

（3）在字段窗格中，选中“年份”表中的“年份”字段，按下鼠标左键将其拖动到可视化窗格中的“轴”字段处；选中“公司”表中的“公司名称”字段，按下鼠标左键将其拖动到可视化窗格中的“图例”字段处；选中度量值“偿债能力：速动比率”，按下鼠标左键将其拖动到可视化窗格中的“值”字段处。

（4）在可视化窗格中，单击按钮，切换到“格式”状态，设置堆积柱形图的相关属性。将“数据标签”选项开关打开，将“文本大小”设置为12；将“标题”选项开关打开，输入标题文本“速动比率”，将字体颜色设置为白色，将背景色设置为红色，将对齐方式设置为居中，将“文本大小”设置为12；将“背景”选项开关打开，将背景色设置为白色；将“边框”选项开关打开。

（5）调整堆积柱形图的大小及位置。

（6）设置完毕，保存文件。

3. 资产负债率折线图

（1）在报表视图下，在画布空白处单击鼠标。

（2）在可视化窗格中单击折线图按钮，画布中自动出现一个折线图可视化对象。

（3）在字段窗格中，选中“年份”表中的“年份”字段，按下鼠标左键将其拖动到可视化窗格中的“轴”字段处；选中“公司”表中的“公司名称”字段，按下鼠标左键将其拖动到可视化窗格中的“图例”字段处；选中度量值“偿债能力：资产负债率”，按下鼠标左键将其拖动到可视化窗格中的“值”字段处。

（4）在可视化窗格中，单击按钮，切换到“格式”状态，设置折线图的相关属性。将“数据标签”选项开关打开，将“文本大小”设置为12；将“标题”选项开关打开，输入标题文本“资产负债率”，将字体颜色设置为白色，将背景色设置为红色，将对齐方式设置为居中，将“文本大小”设置为12；将“背景”选项开关打开，将背景色设置为白色；将“边框”选项开关打开。

（5）调整折线图的大小及位置。

（6）设置完毕，保存文件。

4. 产权比率分区图

（1）在报表视图下，在画布空白处单击鼠标。

（2）在可视化窗格中单击分区图按钮，画布中自动出现一个分区图可视化对象。

（3）在字段窗格中，选中“年份”表中的“年份”字段，按下鼠标左键将其拖动到可视化窗格中的“轴”字段处；选中“公司”表中的“公司名称”字段，按下鼠标左键将其拖动到可视化窗格中的“图例”字段处；选中度量值“偿债能力：产权比率”，按下鼠标左键将其拖动到可视化窗格中的“值”字段处。

（4）在可视化窗格中，单击 按钮，切换到“格式”状态，设置分区图的相关属性。将“数据标签”选项开关打开，将“文本大小”设置为12；将“标题”选项开关打开，输入标题文本“产权比率”，将字体颜色设置为白色，将背景色设置为红色，将对齐方式设置为居中，将“文本大小”设置为12；将“背景”选项开关打开，将背景色设置为白色；将“边框”选项开关打开。

（5）调整分区图的大小及位置。

（6）设置完毕，保存文件。

6.7 成长能力分析

本模型选取的成长能力指标包括营业收入增长率、净利润增长率、总资产增长率、净资产增长率，用于比较两家公司各年成长能力。

运行 Power BI，打开上述文件，然后按以下步骤操作。

6.7.1 设置 LOGO 和文本

1. 设置 LOGO

（1）切换到报表视图，页名称标签后的【+】按钮，新增一页，双击将其更名为“成长能力”。

（2）选择“插入”选项卡。

（3）单击【图像】按钮，出现“打开”对话框。

（4）选择 LOGO 图片文件，然后单击【打开】按钮，即可插入 LOGO 图片。

（5）调整 LOGO 图片的大小与位置。

（6）设置完毕，保存文件。

2. 设置文本

（1）在“主页”或“插入”选项卡中，单击功能区的【文本】按钮，插入一个空白文本框。

（2）在文本框中输入文本内容“成长能力分析”。

（3）设置字体颜色、字号、文本框背景色、边框等属性，调整大小与位置。

（4）设置完毕，保存文件。

6.7.2 建立度量值

成长能力等于当年指标值与上年指标值的差额，再除以上年指标值，所以，需要依次定义以下度量值。

1. 上年营业收入

（1）在功能区中单击【新建度量值】按钮，出现定义度量值公式栏。

（2）在公式栏中输入以下公式，然后按 <Enter> 键，或者单击公式前的【√】按钮确认公式。

上年营业收入 = VAR lastyear = selectedvalue（'年份'［年份］）- 1
RETURN　calculate（［利润表：营业收入］,'年份'［年份］= lastyear）

【注释】该公式中，selectedvalue（'年份'［年份］）可取得当前年份，利用 VAR……RETURN 语句，先将年份值减 1 赋值给变量 last year，再将其作为 CALCULATE 函数的过滤条件计算营业收入值，即可取得上年营业收入值，并将该值返回给度量值"上年营业收入"。

（3）设置完毕，保存文件。

2. 营业收入增长率

（1）在功能区中单击【新建度量值】按钮，出现定义度量值公式栏。

（2）在公式栏中输入以下公式，然后按 <Enter> 键，或者单击公式前的【√】按钮确认公式。

成长能力：营业收入增长率 = divide（［利润表：营业收入］-［上年营业收入］，［上年营业收入］）

（3）设置完毕，保存文件。

3. 上年净利润

（1）在功能区中单击【新建度量值】按钮，出现定义度量值公式栏。

（2）在公式栏中输入以下公式，然后按 <Enter> 键，或者单击公式前的【√】按钮确认公式。

上年净利润 = VAR lastyear = selectedvalue（'年份'［年份］）- 1
RETURN　calculate（［利润表：净利润］,'年份'［年份］= lastyear）

【注释】该公式中，selectedvalue（'年份'［年份］）可取得当前年份，利用 VAR……RETURN 语句，先将年份值减 1 赋值给变量 last year，再将其作为 CALCULATE 函数的过滤条件计算净利润值，即可取得上年净利润值，并将该值返回给度量值"上年净利润"。

（3）设置完毕，保存文件。

4. 净利润增长率

（1）在功能区中单击【新建度量值】按钮，出现定义度量值公式栏。

（2）在公式栏中输入以下公式，然后按 <Enter> 键，或者单击公式前的【√】按钮确认公式。

成长能力：净利润增长率 = divide（［利润表：净利润］-［上年净利润］，［上年净利润］）

（3）设置完毕，保存文件。

5. 上年资产总额

（1）在功能区中单击【新建度量值】按钮，出现定义度量值公式栏。

（2）在公式栏中输入以下公式，然后按 <Enter> 键，或者单击公式前的【√】按钮确认公式。

上年资产总额 = VAR lastyear = selectedvalue （'年份' [年份]） - 1

RETURN　calculate（[资产负债表：资产总额],'年份' [年份] = lastyear）

【注释】该公式中，selectedvalue（'年份' [年份]）可取得当前年份，利用 VAR……RETURN 语句，先将年份值减 1 赋值给变量 last year，再将其作为 CALCULATE 函数的过滤条件计算资产总额值，即可取得上年资产总额值，并将该值返回给度量值“上年资产总额”。

（3）设置完毕，保存文件。

6. 资产总额增长率

（1）在功能区中单击【新建度量值】按钮，出现定义度量值公式栏。

（2）在公式栏中输入以下公式，然后按 <Enter> 键，或者单击公式前的【√】按钮确认公式。

成长能力：总资产增长率 = divide（[资产负债表：资产总额] - [上年资产总额]，[上年资产总额]）

（3）设置完毕，保存文件。

7. 上年净资产

（1）在功能区中单击【新建度量值】按钮，出现定义度量值公式栏。

（2）在公式栏中输入以下公式，然后按 <Enter> 键，或者单击公式前的【√】按钮确认公式。

上年净资产 = VAR lastyear = selectedvalue （'年份' [年份]） - 1

RETURN　calculate（[资产负债表：净资产],'年份' [年份] = lastyear）

【注释】该公式中，selectedvalue（'年份' [年份]）可取得当前年份，利用 VAR……RETURN 语句，先将年份值减 1 赋值给变量 last year，再将其作为 CALCULATE 函数的过滤条件计算净资产值，即可取得上年净资产值，并将该值返回给度量值“上年净资产”。

（3）设置完毕，保存文件。

8. 净资产增长率

（1）在功能区中单击【新建度量值】按钮，出现定义度量值公式栏。

（2）在公式栏中输入以下公式，然后按 <Enter> 键，或者单击公式前的【√】按钮确认公式。

成长能力：净资产增长率 = divide（[资产负债表：净资产] - [上年净资产]，[上年净资产]）

（3）设置完毕，保存文件。

6.7.3　设置可视化对象

1. 营业收入增长率折线图

（1）在报表视图下，在画布空白处单击鼠标。

（2）在可视化窗格中单击折线图按钮，画布中自动出现一个折线图可视化对象。

（3）在字段窗格中，选中“年份”表中的“年份”字段，按下鼠标左键将其拖动到可视化窗格中的“轴”字段处；选中“公司”表中的“公司名称”字段，按下鼠标左键将其拖动到可视化窗格中的“图例”字段处；选中度量值“成长能力：营业收入增长率”，按下鼠标左键将其拖动到可视化窗格中的“值”字段处。

（4）在可视化窗格中，单击按钮，切换到“格式”状态，设置簇状柱形图的相关属性。将“数据标签”选项开关打开，将“文本大小”设置为 12；将“标题”选项开关打开，输入标题文本“营业收入增长率”，将字体颜色设置为白色，将背景色设置为红色，将对齐方式设置为居中，将“文本大小”设置为 12；将“背景”选项开关打开，将背景色设置为白色；将“边框”选项开关打开。

（5）调整折线图的大小及位置。

（6）设置完毕，保存文件。

2. 净利润增长率簇状柱形图

（1）在报表视图下，在画布空白处单击鼠标。

（2）在可视化窗格中单击堆积柱形图按钮，画布中自动出现一个簇状柱形图可视化对象。

（3）在字段窗格中，选中“年份”表中的“年份”字段，按下鼠标左键将其拖动到可视化窗格中的“轴”字段处；选中“公司”表中的“公司名称”字段，按下鼠标左键将其拖动到可视化窗格中的“图例”字段处；选中度量值“成长能力：净利润增长率”，按下鼠标左键将其拖动到可视化窗格中的“值”字段处。

（4）在可视化窗格中，单击按钮，切换到“格式”状态，设置簇状柱形图的相关属性。将“数据标签”选项开关打开，将“文本大小”设置为 12；将“标题”选项开关打开，输入标题文本“净利润增长率”，将字体颜色设置为白色，将背景色设置为红色，将对齐方式设置为居中，将“文本大小”设置为 12；将“背景”选项开关打开，将背景色设置为白色；将“边框”选项开关打开。

（5）调整簇状柱形图的大小及位置。

（6）设置完毕，保存文件。

3. 总资产增长率丝带图

（1）在报表视图下，在画布空白处单击鼠标。

（2）在可视化窗格中单击丝带图按钮，画布中自动出现一个功能区图表可视化对象。

（3）在字段窗格中，选中“年份”表中的“年份”字段，按下鼠标左键将其拖动到可视化窗格中的“轴”字段处；选中“公司”表中的“公司名称”字段，按下鼠标左键将其拖动到可视化窗格中的“图例”字段处；选中度量值“成长能力：总资产增长率”，按下鼠标左键将其拖动到可视化窗格中的“值”字段处。

（4）在可视化窗格中，单击按钮，切换到“格式”状态，设置丝带图的相关属性。将“数据标签”选项开关打开，将“文本大小”设置为 12；将“标题”选项开关打开，输入标题文本“总资产增长率”，将字体颜色设置为白色，将背景色设置为红色，将对齐方式设置为居中，将“文本大小”设置为 12；将“背景”选项开关打开，将背景色设置为白色；将“边框”选项开关打开。

（5）调整功能区图表的大小及位置。

（6）设置完毕，保存文件。

4. 净资产增长率堆积柱形图

（1）在报表视图下，在画布空白处单击鼠标。

（2）在可视化窗格中单击堆积柱形图按钮，画布中自动出现一个堆积柱形图可视化对象。

（3）在字段窗格中，选中“年份”表中的“年份”字段，按下鼠标左键将其拖动到可视化窗格中的“轴”字段处；选中“公司”表中的“公司名称”字段，按下鼠标左键将其拖动到可视化窗格中的“图例”字段处；选中度量值“成长能力：净资产增长率”，按下鼠标左键将其拖动到可视化窗格中的“值”字段处。

（4）在可视化窗格中，单击按钮，切换到“格式”状态，设置堆积柱形图的相关属性。将“数据标签”选项开关打开，将“文本大小”设置为12；将“标题”选项开关打开，输入标题文本“净资产增长率”，将字体颜色设置为白色，将背景色设置为红色，将对齐方式设置为居中，将“文本大小”设置为12；将“背景”选项开关打开，将背景色设置为白色；将“边框”选项开关打开。

（5）调整堆积柱形图的大小及位置。

（6）设置完毕，保存文件。

【注释】 原始数据最早年份为2010年，此时上年指标值为空，无对应的增长率指标值，上述可视化对象年份轴自动从2011年开始。

6.8 盈利能力分析

本模型选取的盈利能力指标包括净资产收益率、销售净利率、总资产收益率，用于比较两家公司各年盈利能力。

运行Power BI，打开上述文件，然后按以下步骤操作。

6.8.1 设置LOGO和文本

1. 设置LOGO

（1）切换到报表视图，页名称标签后的【+】按钮，新增一页，双击将其更名为“盈利能力”。

（2）选择“插入”选项卡。

（3）单击【图像】按钮，出现“打开”对话框。

（4）选择LOGO图片文件，然后单击【打开】按钮，即可插入LOGO图片。

（5）调整LOGO图片的大小与位置。

（6）设置完毕，保存文件。

2. 设置文本

（1）在“主页”或“插入”选项卡中，单击功能区的【文本】按钮，插入一个空白文本框。

（2）在文本框中输入文本内容“盈利能力分析”。

（3）设置字体颜色、字号、文本框背景色、边框等属性，调整大小与位置。

（4）设置完毕，保存文件。

6.8.2 建立度量值

1. 净资产收益率

（1）在功能区中单击【新建度量值】按钮，出现定义度量值公式栏。

（2）在公式栏中输入以下公式，然后按 <Enter> 键，或者单击公式前的【√】按钮确认公式。

盈利能力：净资产收益率 = if（isblank（[上年净资产]）= true，blank（），divide（[利润表：净利润]，（[上年净资产] + [资产负债表：净资产]）/2））

【注释】该公式中，先用 isblank（）函数判断上年净资产是否为空，如为空，则净资产收益率设置为空（可视化对象默认不显示空值年份），否则按公式计算净资产收益率。

（3）设置完毕，保存文件。

2. 销售净利率

（1）在功能区中单击【新建度量值】按钮，出现定义度量值公式栏。

（2）在公式栏中输入以下公式，然后按 <Enter> 键，或者单击公式前的【√】按钮确认公式。

盈利能力：销售净利率 = divide（[利润表：净利润]，[利润表：营业收入]）

（3）设置完毕，保存文件。

3. 总资产收益率

（1）在功能区中单击【新建度量值】按钮，出现定义度量值公式栏。

（2）在公式栏中输入以下公式，然后按 <Enter> 键，或者单击公式前的【√】按钮确认公式。

盈利能力：总资产收益率 = if（isblank（[上年资产总额]）= true，blank（），divide（[利润表：净利润]，（[上年资产总额] + [资产负债表：资产总额]）/2））

（3）设置完毕，保存文件。

【注释】该公式中，先用 isblank（）函数判断上年资产总额是否为空，如为空，则总资产收益率设置为空（可视化对象默认不显示空值年份），否则按公式计算总资产收益率。

6.8.3 设置可视化对象

1. 净资产收益率折线图

（1）在报表视图下，在画布空白处单击鼠标。

（2）在可视化窗格中单击折线图按钮，画布中自动出现一个折线图可视化对象。

（3）在字段窗格中，选中“年份”表中的“年份”字段，按下鼠标左键将其拖动到可视化窗格中的“轴”字段处；选中“公司”表中的“公司名称”字段，按下鼠标左键将其拖动到可视化窗格中的“图例”字段处；选中度量值“盈利能力：净资产收益率”，按下鼠标左键将其拖动到可视化窗格中的“值”字段处。

（4）在可视化窗格中，单击按钮，切换到“格式”状态，设置折线图的相关属性。将“数据标签”选项开关打开，将“文本大小”设置为12；将“标题”选项开关打开，输入标题文本“净资产收益率”，将字体颜色设置为白色，将背景色设置为红色，将对齐方式设置为居中，将“文本大小”设置为12；将“背景”选项开关打开，将背景色设置为白色；将“边框”选项开关打开。

（5）调整折线图的大小及位置。

（6）设置完毕，保存文件。

2. 销售净利率百分比堆积柱形图

（1）在报表视图下，在画布空白处单击鼠标。

（2）在可视化窗格中单击百分比堆积柱形图按钮，画布中自动出现一个百分比堆积柱形图可视化对象。

（3）在字段窗格中，选中“年份”表中的“年份”字段，按下鼠标左键将其拖动到可视化窗格中的“轴”字段处；选中“公司”表中的“公司名称”字段，按下鼠标左键将其拖动到可视化窗格中的“图例”字段处；选中度量值“盈利能力：销售净利率”，按下鼠标左键将其拖动到可视化窗格中的“值”字段处。

（4）在可视化窗格中，单击按钮，切换到“格式”状态，设置百分比堆积柱形图的相关属性。将“数据标签”选项开关打开，将“文本大小”设置为12；将“标题”选项开关打开，输入标题文本“销售净利率”，将字体颜色设置为白色，将背景色设置为红色，将对齐方式设置为居中，将“文本大小”设置为12；将“背景”选项开关打开，将背景色设置为白色；将“边框”选项开关打开。

（5）调整百分比堆积柱形图的大小及位置。

（6）设置完毕，保存文件。

3. 总资产收益率堆积面积图

（1）在报表视图下，在画布空白处单击鼠标。

（2）在可视化窗格中单击堆积面积图按钮，画布中自动出现一个堆积面积图可视化对象。

（3）在字段窗格中，选中“年份”表中的“年份”字段，按下鼠标左键将其拖动到可视化窗格中的“轴”字段处；选中“公司”表中的“公司名称”字段，按下鼠标左键将其拖动到可视化窗格中的“图例”字段处；选中度量值“盈利能力：总资产收益率”，按下鼠标左键将其拖动到可视化窗格中的“值”字段处。

（4）在可视化窗格中，单击按钮，切换到“格式”状态，设置堆积面积图的相关属性。将“数据标签”选项开关打开，将“文本大小”设置为12；将“标题”选项开关打开，输入标题文本“总资产收益率”，将字体颜色设置为白色，将背景色设置为红色，将对齐方式设置为居中，将“文本大小”设置为12；将“背景”选项开关打开，将背景色设置为白色；将“边框”选项开关打开。

（5）调整堆积面积图的大小及位置。

（6）设置完毕，保存文件。

6.9　营运能力分析

本模型选取的营运能力指标包括应收账款周转率、存货周转率、流动资产周转率和总资产周转率，用于比较两家公司各年营运能力。

运行 Power BI，打开上述文件，然后按以下步骤操作。

6.9.1　设置 LOGO 和文本

1. 设置 LOGO

（1）切换到报表视图，页名称标签后的【＋】按钮，新增一页，双击将其更名为“营运能力”。

（2）选择“插入”选项卡。

（3）单击【图像】按钮，出现“打开”对话框。

（4）选择 LOGO 图片文件，然后单击【打开】按钮，即可插入 LOGO 图片。

（5）调整 LOGO 图片的大小与位置。

（6）设置完毕，保存文件。

2. 设置文本

（1）在“主页”或“插入”选项卡中，单击功能区的【文本】按钮，插入一个空白文本框。

（2）在文本框中输入文本内容“营运能力分析”。

（3）设置字体颜色、字号、文本框背景色、边框等属性，调整大小与位置。

（4）设置完毕，保存文件。

6.9.2　建立度量值

1. 上年应收账款

（1）在功能区中单击【新建度量值】按钮，出现定义度量值公式栏。

（2）在公式栏中输入以下公式，然后按 <Enter> 键，或者单击公式前的【√】按钮确认公式。

```
上年应收账款 = VAR lastyear = selectedvalue ('年份' [年份]) - 1
                  RETURN   calculate ([资产负债表：应收账款],'年份' [年份] = lastyear)
```

（3）设置完毕，保存文件。

2. 应收账款周转率

（1）在功能区中单击【新建度量值】按钮，出现定义度量值公式栏。

（2）在公式栏中输入以下公式，然后按 <Enter> 键，或者单击公式前的【√】按钮确认公式。

营运能力：应收账款周转率 = if（isblank（[上年应收账款]）= true，blank（），divide（[利润表：营业收入]，（[上年应收账款] + [资产负债表：应收账款]）/2））

（3）设置完毕，保存文件。

3. 上年存货

（1）在功能区中单击【新建度量值】按钮，出现定义度量值公式栏。

（2）在公式栏中输入以下公式，然后按 <Enter> 键，或者单击公式前的【√】按钮确认公式。

上年存货 = VAR lastyear = selectedvalue（'年份'[年份]）- 1
RETURN calculate（[资产负债表：存货],'年份'[年份] = lastyear）

（3）设置完毕，保存文件。

4. 存货周转率

（1）在功能区中单击【新建度量值】按钮，出现定义度量值公式栏。

（2）在公式栏中输入以下公式，然后按 <Enter> 键，或者单击公式前的【√】按钮确认公式。

营运能力：存货周转率 = if（isblank（[上年存货]）= true，blank（），divide（[利润表：营业成本]，（[上年存货] + [资产负债表：存货]）/2））

（3）设置完毕，保存文件。

5. 上年流动资产

（1）在功能区中单击【新建度量值】按钮，出现定义度量值公式栏。

（2）在公式栏中输入以下公式，然后按 <Enter> 键，或者单击公式前的【√】按钮确认公式。

上年流动资产 = VAR lastyear = selectedvalue（'年份'[年份]）- 1
RETURN calculate（[资产负债表：流动资产],'年份'[年份] = lastyear）

（3）设置完毕，保存文件。

6. 流动资产周转率

（1）在功能区中单击【新建度量值】按钮，出现定义度量值公式栏。

（2）在公式栏中输入以下公式，然后按 <Enter> 键，或者单击公式前的【√】按钮确认公式。

营运能力：流动资产周转率 = if（isblank（[上年流动资产]）= true，blank（），divide（[利润表：营业收入]，（[上年流动资产] + [资产负债表：流动资产]）/2））

（3）设置完毕，保存文件。

7. 总资产周转率

（1）在功能区中单击【新建度量值】按钮，出现定义度量值公式栏。

（2）在公式栏中输入以下公式，然后按 <Enter> 键，或者单击公式前的【√】按钮确认公式。

营运能力：总资产周转率 = if（isblank（[上年资产总额]）= true，blank（），divide（[利润表：营业收入]，（[上年资产总额] + [资产负债表：资产总额]）/2））

(3) 设置完毕，保存文件。

6.9.3 设置可视化对象

1. 应收账款周转率簇状柱形图

(1) 在报表视图下，在画布空白处单击鼠标。

(2) 在可视化窗格中单击簇状柱形按钮，画布中自动出现一个簇状柱形图可视化对象。

(3) 在字段窗格中，选中“年份”表中的“年份”字段，按下鼠标左键将其拖动到可视化窗格中的“轴”字段处；选中“公司”表中的“公司名称”字段，按下鼠标左键将其拖动到可视化窗格中的“图例”字段处；选中度量值“营运能力：应收账款周转率”，按下鼠标左键将其拖动到可视化窗格中的“值”字段处。

(4) 在可视化窗格中，单击按钮，切换到“格式”状态，设置簇状柱形图的相关属性。将“数据标签”选项开关打开，将“文本大小”设置为12；将“标题”选项开关打开，输入标题文本“应收账款周转率”，将字体颜色设置为白色，将背景色设置为红色，将对齐方式设置为居中，将“文本大小”设置为12；将“背景”选项开关打开，将背景色设置为白色；将“边框”选项开关打开。

(5) 调整簇状柱形图的大小及位置。

(6) 设置完毕，保存文件。

2. 存货周转率折线图

(1) 在报表视图下，在画布空白处单击鼠标。

(2) 在可视化窗格中单击折线图按钮，画布中自动出现一个折线图可视化对象。

(3) 在字段窗格中，选中“年份”表中的“年份”字段，按下鼠标左键将其拖动到可视化窗格中的“轴”字段处；选中“公司”表中的“公司名称”字段，按下鼠标左键将其拖动到可视化窗格中的“图例”字段处；选中度量值“营运能力：存货周转率”，按下鼠标左键将其拖动到可视化窗格中的“值”字段处。

(4) 在可视化窗格中，单击按钮，切换到“格式”状态，设置折线图的相关属性。将“数据标签”选项开关打开，将“文本大小”设置为12；将“标题”选项开关打开，输入标题文本“存货周转率”，将字体颜色设置为白色，将背景色设置为红色，将对齐方式设置为居中，将“文本大小”设置为12；将“背景”选项开关打开，将背景色设置为白色；将“边框”选项开关打开。

(5) 调整折线图的大小及位置。

(6) 设置完毕，保存文件。

3. 流动资产周转率折线图

(1) 在报表视图下，在画布空白处单击鼠标。

(2) 在可视化窗格中单击折线图按钮，画布中自动出现一个折线图可视化对象。

(3) 在字段窗格中，选中“年份”表中的“年份”字段，按下鼠标左键将其拖动到可视化窗格中的“轴”字段处；选中“公司”表中的“公司名称”字段，按下鼠标左键将其拖动到可视化窗格中的“图例”字段处；选中度量值“营运能力：流动资产周转率”，按下鼠标左键将其拖动到可视化窗格中的“值”字段处。

（4）在可视化窗格中，单击 按钮，切换到“格式”状态，设置折线图的相关属性。将“数据标签”选项开关打开，将“文本大小”设置为12；将“标题”选项开关打开，输入标题文本“流动资产周转率”，将字体颜色设置为白色，将背景色设置为红色，将对齐方式设置为居中，将“文本大小”设置为12；将“背景”选项开关打开，将背景色设置为白色；将“边框”选项开关打开。

（5）调整折线图的大小及位置。

（6）设置完毕，保存文件。

4. 总资产周转率簇状柱形图

（1）在报表视图下，在画布空白处单击鼠标。

（2）在可视化窗格中单击簇状柱形按钮 ，画布中自动出现一个簇状柱形图可视化对象。

（3）在字段窗格中，选中“年份”表中的“年份”字段，按下鼠标左键将其拖动到可视化窗格中的“轴”字段处；选中“公司”表中的“公司名称”字段，按下鼠标左键将其拖动到可视化窗格中的“图例”字段处；选中度量值“营运能力：总资产周转率”，按下鼠标左键将其拖动到可视化窗格中的“值”字段处。

（4）在可视化窗格中，单击 按钮，切换到“格式”状态，设置簇状柱形图的相关属性。将“数据标签”选项开关打开，将“文本大小”设置为12；将“标题”选项开关打开，输入标题文本“总资产周转率”，将字体颜色设置为白色，将背景色设置为红色，将对齐方式设置为居中，将“文本大小”设置为12；将“背景”选项开关打开，将背景色设置为白色；将“边框”选项开关打开。

（5）调整簇状柱形图的大小及位置。

（6）设置完毕，保存文件。

6.10 综合对比分析

6.10.1 设置 LOGO 和文本

1. 设置 LOGO

（1）切换到报表视图，页名称标签后的【+】按钮，新增一页，双击将其更名为“综合对比分析”。

（2）选择“插入”选项卡。

（3）单击【图像】按钮，出现“打开”对话框。

（4）选择 LOGO 图片文件，然后单击【打开】按钮，即可插入 LOGO 图片。

（5）调整 LOGO 图片的大小与位置。

（6）设置完毕，保存文件。

2. 设置文本

（1）在“主页”或“插入”选项卡中，单击功能区的【文本】按钮，插入一个空白文本框。

（2）在文本框中输入文本内容“综合对比分析”。

（3）设置字体颜色、字号、文本框背景色、边框等属性，调整大小与位置。

（4）设置完毕，保存文件。

6.10.2　设置辅助表

为了自由选择偿债能力指标、盈利能力指标、营运能力指标和成长能力指标，并在此基础上自动对比两家公司所选指标值，需要预先建立辅助表，将各类指标保存于辅助表中，以便后续设置切片器。

1. 偿债能力辅助表

（1）切换到报表视图。

（2）在“主页”选项卡中单击【输入数据】命令按钮，出现“创建表”对话框。

（3）将列标题改为“指标”。

（4）依次输入流动比率、速动比率、资产负债率和产权比率。

（5）将表名设置为“偿债能力”，然后单击【加载】按钮。

2. 盈利能力辅助表

（1）切换到报表视图。

（2）在“主页”选项卡中单击【输入数据】命令按钮，出现“创建表”对话框。

（3）将列标题改为“指标”。

（4）依次输入总资产收益率、净资产收益率和销售净利率。

（5）将表名设置为“盈利能力”，然后单击【加载】按钮。

3. 营运能力辅助表

（1）切换到报表视图。

（2）在“主页”选项卡中单击【输入数据】命令按钮，出现“创建表”对话框。

（3）将列标题改为“指标”。

（4）依次输入应收账款周转率、存货周转率、流动资产周转率和总资产周转率。

（5）将表名设置为“运营能力”，然后单击【加载】按钮。

4. 成长能力辅助表

（1）切换到报表视图。

（2）在“主页”选项卡中单击【输入数据】命令按钮，出现“创建表”对话框。

（3）将列标题改为“指标”。

（4）依次输入营业收入增长率、净利润增长率、总资产增长率和净资产增长率。

（5）将表名设置为“成长能力”，然后单击【加载】按钮。

6.10.3　设置切片器

1. 偿债能力指标切片器

（1）在可视化窗格中，单击切片器按钮，画布中自动出现切片器。

（2）在右侧字段列表中，选择表“偿债能力”下的“指标”字段，按下鼠标左键将其拖动到可视化窗格中的“字段”框处。

（3）在可视化窗格中，单击按钮，切换到“格式”状态。

（4）单击展开“选择控件”选项，将“单项选择”选项打开。

（5）将“切片器标头”选项下的标题文本设置为“盈利能力”。

（6）在“项目”选项下，可以设置项目的字体颜色、背景、边框、文本大小、字体系列等属性。在此，将“文本大小”设置为12。

（7）将“边框”选项打开，并可设置边框颜色、半径等属性，在此保持默认值。

（8）适当调整切片器大小与位置。

（9）设置完毕，保存文件。

2. 盈利能力指标切片器

（1）单击选中上述切片器，按下组合键<Ctrl> + <C>复制该切片器，再按下组合键<Ctrl> + <V>粘贴。

（2）在右侧字段列表中，选择表“偿债能力”下的“指标”字段，按下鼠标左键将其拖动到可视化窗格中的“字段”框处。

（3）将“切片器标头”选项下的标题文本设置为“盈利能力”。

（4）适当调整切片器大小与位置。

（5）设置完毕，保存文件。

3. 运营能力指标切片器

（1）单击选中上述切片器，按下组合键<Ctrl> + <C>复制该切片器，再按下组合键<Ctrl> + <V>粘贴。

（2）在右侧字段列表中，选择表“运营能力”下的“指标”字段，按下鼠标左键将其拖动到可视化窗格中的“字段”框处。

（3）将“切片器标头”选项下的标题文本设置为“运营能力”。

（4）适当调整切片器大小与位置。

（5）设置完毕，保存文件。

4. 成长能力指标切片器

（1）单击选中上述切片器，按下组合键<Ctrl> + <C>复制该切片器，再按下组合键<Ctrl> + <V>粘贴。

（2）在右侧字段列表中，选择表“成长能力”下的“指标”字段，按下鼠标左键将其拖动到可视化窗格中的“字段”框处。

（3）将“切片器标头”选项下的标题文本设置为“成长能力”。

（4）适当调整切片器大小与位置。

（5）设置完毕，保存文件。

6.10.4　建立度量值

1. 选择的偿债能力指标

（1）在功能区中单击【新建度量值】按钮，出现定义度量值公式栏。

（2）在公式栏中输入以下公式，然后按 <Enter> 键，或者单击公式前的【√】按钮确认公式。

选择的偿债能力指标 = selectedvalue（'偿债能力'[指标]）

（3）设置完毕，保存文件。

2. 选择的盈利能力指标

（1）在功能区中单击【新建度量值】按钮，出现定义度量值公式栏。

（2）在公式栏中输入以下公式，然后按 <Enter> 键，或者单击公式前的【√】按钮确认公式。

选择的盈利能力指标 = selectedvalue（'盈利能力'[指标]）

（3）在“格式”下拉框中，将其设置为“百分比”。

（4）设置完毕，保存文件。

3. 选择的运营能力指标

（1）在功能区中单击【新建度量值】按钮，出现定义度量值公式栏。

（2）在公式栏中输入以下公式，然后按 <Enter> 键，或者单击公式前的【√】按钮确认公式。

选择的运营能力指标 = selectedvalue（'运营能力'[指标]）

（3）设置完毕，保存文件。

4. 选择的成长能力指标

（1）在功能区中单击【新建度量值】按钮，出现定义度量值公式栏。

（2）在公式栏中输入以下公式，然后按 <Enter> 键，或者单击公式前的【√】按钮确认公式。

选择的成长能力指标 = selectedvalue（'成长能力'[指标]）

（3）设置完毕，保存文件。

5. 偿债能力

（1）在功能区中单击【新建度量值】按钮，出现定义度量值公式栏。

（2）在公式栏中输入以下公式，然后按 <Enter> 键，或者单击公式前的【√】按钮确认公式。

偿债能力 = switch（[选择的偿债能力指标]，"流动比率"，[偿债能力：流动比率]，"速动比率"，[偿债能力：速动比率]，"资产负债率"，[偿债能力：资产负债率]，"产权比率"，[偿债能力：产权比率]）

（3）设置完毕，保存文件。

6. 盈利能力

（1）在功能区中单击【新建度量值】按钮，出现定义度量值公式栏。

（2）在公式栏中输入以下公式，然后按 <Enter> 键，或者单击公式前的【√】按钮确认公式。

盈利能力 = switch（[选择的盈利能力指标],"净资产收益率",[盈利能力：净资产收益率],"总资产收益率",[盈利能力：总资产收益率],"销售净利率",[盈利能力：销售净利率]）

（3）在“格式”下拉框中将其设置为“百分比”格式。

（4）设置完毕，保存文件。

7. 营运能力

（1）在功能区中单击【新建度量值】按钮，出现定义度量值公式栏。

（2）在公式栏中输入以下公式，然后按 <Enter> 键，或者单击公式前的【√】按钮确认公式。

营运能力 = switch（[选择的营运能力指标],"应收账款周转率",[营运能力：应收账款周转率],"存货周转率",[营运能力：存货周转率],"流动资产周转率",[营运能力：流动资产周转率],"总资产周转率",[营运能力：总资产周转率]）

（3）设置完毕，保存文件。

8. 成长能力

（1）在功能区中单击【新建度量值】按钮，出现定义度量值公式栏。

（2）在公式栏中输入以下公式，然后按 <Enter> 键，或者单击公式前的【√】按钮确认公式。

成长能力 = switch（[选择的成长能力指标],"营业收入增长率",[成长能力：营业收入增长率],"净利润增长率",[成长能力：净利润增长率],"总资产增长率",[成长能力：总资产增长率],"净资产增长率",[成长能力：净资产增长率]）

（3）在“格式”下拉框中将其设置为“百分比”格式。

（4）设置完毕，保存文件。

6.10.5 指标对比分析

1. 偿债能力指标对比分析

（1）在报表视图下，在画布空白处单击鼠标。

（2）在可视化窗格中单击簇状柱形按钮，画布中自动出现一个簇状柱形图可视化对象。

（3）在字段窗格中，选中“年份”表中的“年份”字段，按下鼠标左键将其拖动到可视化窗格中的“轴”字段处；选中“公司”表中的“公司名称”字段，按下鼠标左键将其拖动到可视化窗格中的“图例”字段处；选中度量值“偿债能力”，按下鼠标左键将其拖动到可视化窗格中的“值”字段处。

（4）在可视化窗格中，单击按钮，切换到“格式”状态，设置簇状柱形图的相关属性。将“数据标签”选项开关打开，将“文本大小”设置为 12；将“标题”选项开关打开，输入标题文本“偿债能力对比分析”，将字体颜色设置为白色，将背景色设置为红色，将对齐方式设置为居中，将“文本大小”设置为 12；将“背景”选项开关打开，将背景色设置为白色；

将“边框”选项开关打开。

（5）调整簇状柱形图的大小及位置。

（6）设置完毕，保存文件。

2. 盈利能力对比分析

（1）单击选中上述柱形图，按下组合键<Ctrl> + <C>复制该图标，再按组合键<Ctrl> + <V>粘贴。

（2）将新复制出来的图表字段值设置为度量值［盈利能力］，将其标题改为“盈利能力对比分析”。

（3）调整簇状柱形图的大小及位置。

（4）设置完毕，保存文件。

3. 营运能力对比分析

（1）单击选中上述柱形图，按下组合键<Ctrl> + <C>复制该图标，再按组合键<Ctrl> + <V>粘贴。

（2）将新复制出来的图表字段值设置为度量值［营运能力］，将其标题改为“营运能力对比分析”。

（3）调整簇状柱形图的大小及位置。

（4）设置完毕，保存文件。

4. 成长能力对比分析

（1）单击选中上述柱形图，按下组合键<Ctrl> + <C>复制该图标，再按组合键<Ctrl> + <V>粘贴。

（2）将新复制出来的图表字段值设置为度量值［成长能力］，将其标题改为“成长能力对比分析”。

（3）调整簇状柱形图的大小及位置。

（4）设置完毕，保存文件。

6.11　杜邦分析

杜邦分析体系是利用各主要财务比率之间的内在联系，对企业财务状况和经营成果进行综合系统评价的系统方法。杜邦分析体系以权益净利率为核心，以总资产净利率和权益乘数为分解，重点揭示企业获利能力和财务杠杆水平对权益净利率的影响，以及各相关指标间的相互作用关系。权益净利率是一个综合性最强的指标，是杜邦分析系统的核心，取决于总资产净利率和权益乘数的大小。总资产净利率是影响权益净利率最重要的指标，其值大小又取决于营业净利率和总资产周转率的高低。权益乘数表示企业的负债程度，反映了企业利用财务杠杆进行经营活动的程度，资产负债率高，权益乘数就大，企业会获得更多杠杆利益，但财务风险也更高，其计算关系如下：

净资产收益率＝净利润÷股东权益

=（净利润 ÷ 总资产）×（总资产 ÷ 股东权益）

= 总资产收益率 × 权益乘数

总资产收益率 = 净利润 ÷ 总资产

=（净利润 ÷ 营业收入）×（营业收入 ÷ 总资产）

= 销售净利率 × 总资产周转次数

故：净资产收益率 = 销售净利率 × 总资产周转次数 × 权益乘数

本模型依据选择的公司和年份，自动显示杜邦分析结果。

运行 Power BI，打开上述文件，然后按以下步骤操作。

6.11.1　设置 LOGO 和文本

1. 设置 LOGO

（1）切换到报表视图，页名称标签后的【 + 】按钮，新增一页，双击将其更名为“杜邦分析”。

（2）选择“插入”选项卡。

（3）单击【图像】按钮，出现“打开”对话框。

（4）选择 LOGO 图片文件，然后单击【打开】按钮，即可插入 LOGO 图片。

（5）调整 LOGO 图片的大小与位置。

（6）设置完毕，保存文件。

2. 设置文本

（1）在“主页”或“插入”选项卡中，单击功能区的【文本】按钮，插入一个空白文本框。

（2）在文本框中输入文本内容“杜邦分析”。

（3）设置字体颜色、字号、文本框背景色、边框等属性，调整大小与位置。

（4）设置完毕，保存文件。

6.11.2　设置切片器

本模型切片器包括公司切片器和年份切片器，设置方法如下。

1. 公司切片器

（1）切换到报表视图。

（2）在可视化窗格中，单击切片器按钮，画布中自动出现切片器。

（3）在右侧字段列表中，选择表“公司”下的“公司名称”字段，按下鼠标左键将其拖动到可视化窗格中的“字段”框处。

（4）在可视化窗格中，单击按钮，切换到“格式”状态。

（5）单击展开“常规”选项，将“方向”参数设置为“水平”。

（6）单击展开“选择控件”选项，将“单项选择”选项打开。

（7）将“切片器标头”选项关闭。

（8）在“项目”选项下，可以设置项目的字体颜色、背景、边框、文本大小、字体系列等属性。在此，将“文本大小”设置为 12。

（9）将“边框”选项打开，并可设置边框颜色、半径等属性，在此保持默认值。

（10）适当调整切片器大小与位置。

（11）设置完毕，保存文件。

2. 年份切片器

（1）在可视化窗格中，单击切片器按钮，画布中自动出现切片器。

（2）在右侧字段列表中，选择表“年份”下的“年份”字段，按下鼠标左键将其拖动到可视化窗格中的“字段”框处。

（3）在可视化窗格中，单击按钮，切换到“格式”状态。

（4）单击展开“常规”选项，将“方向”参数设置为“水平”。

（5）单击展开“选择控件”选项，将“单项选择”选项打开。

（6）将“切片器标头”选项关闭。

（7）在“项目”选项下，可以设置项目的字体颜色、背景、边框、文本大小、字体系列等属性。在此，将“文本大小”设置为 12。

（8）将“边框”选项打开，并可设置边框颜色、半径等属性，在此保持默认值。

（9）适当调整切片器大小与位置。

（10）设置完毕，保存文件。

6.11.3　建立度量值

1. 杜邦分析：净资产收益率

在盈利能力分析模型中，净资产收益率计算使用的是年初、年末平均净资产，在此直接使用年末净资产，所以需要重新定义度量值。

（1）在功能区中单击【新建度量值】按钮，出现定义度量值公式栏。

（2）在公式栏中输入以下公式，然后按 <Enter> 键，或者单击公式前的【√】按钮确认公式。

杜邦分析：净资产收益率 = divide（[利润表：净利润]，[资产负债表：净资产]）

（3）设置完毕，保存文件。

2. 杜邦分析：总资产收益率

在盈利能力分析模型中，总资产收益率计算使用的是年初、年末平均资产总额，在此直接使用年末资产总额，所以需要重新定义度量值。

（1）在功能区中单击【新建度量值】按钮，出现定义度量值公式栏。

（2）在公式栏中输入以下公式，然后按 <Enter> 键，或者单击公式前的【√】按钮确认公式。

杜邦分析：总资产收益率 = divide（[利润表：净利润]，[资产负债表：资产总额]）

（3）设置完毕，保存文件。

3. 权益乘数

权益乘数 = 资产总额/股东权益 =（股东权益 + 负债）/股东权益 = 1 + 负债/股东权益 = 1 + 产权比率

产权比率在偿债能力分析模型中已经定义，在此可以直接使用。

（1）在功能区中单击【新建度量值】按钮，出现定义度量值公式栏。

（2）在公式栏中输入以下公式，然后按 < Enter > 键，或者单击公式前的【√】按钮确认公式。

杜邦分析：权益乘数 =1 +［偿债能力：产权比率］

（3）设置完毕，保存文件。

4. 杜邦分析：总资产周转率

在营运能力分析模型中，总资产周转率计算使用的是年初、年末平均资产总额，在此直接使用年末资产总额，所以需要重新定义度量值。

（1）在功能区中单击【新建度量值】按钮，出现定义度量值公式栏。

（2）在公式栏中输入以下公式，然后按 < Enter > 键，或者单击公式前的【√】按钮确认公式。

杜邦分析：总资产周转率 = divide（［利润表：营业收入］，［资产负债表：资产总额］）

（3）设置完毕，保存文件。

6.11.4 设置可视化对象

1. 净资产收益率卡片图

（1）在报表视图下，在画布空白处单击鼠标。

（2）在可视化窗格中单击卡片图按钮，画布中自动出现一个卡片图可视化对象。

（3）在字段窗格中，选中度量值“杜邦分析：净资产收益率”，按下鼠标左键将其拖动到可视化窗格中的“字段”栏处。

（4）在可视化窗格中，单击按钮，切换到“格式”状态，设置卡片图的相关属性。在“数据标签”选项下，将“文本大小”设置为42；将“类别标签”选项开关打开。

（5）调整卡片图的大小及位置。

（6）设置完毕，保存文件。

2. 总资产收益率卡片图

（1）在报表视图下，在画布空白处单击鼠标。

（2）在可视化窗格中单击卡片图按钮，画布中自动出现一个卡片图可视化对象。

（3）在字段窗格中，选中度量值“杜邦分析：总资产收益率”，按下鼠标左键将其拖动到可视化窗格中的“字段”栏处。

（4）在可视化窗格中，单击按钮，切换到“格式”状态，设置卡片图的相关属性。在“数据标签”选项下，将“文本大小”设置为42；将“类别标签”选项开关打开。

（5）调整卡片图的大小及位置。

（6）设置完毕，保存文件。

3. 权益乘数卡片图

（1）在报表视图下，在画布空白处单击鼠标。

（2）在可视化窗格中单击卡片图按钮，画布中自动出现一个卡片图可视化对象。

（3）在字段窗格中，选中度量值“杜邦分析：权益乘数”，按下鼠标左键将其拖动到可视化窗格中的“字段”栏处。

（4）在可视化窗格中，单击按钮，切换到“格式”状态，设置卡片图的相关属性。在“数据标签”选项下，将“文本大小”设置为42；将“类别标签”选项开关打开。

（5）调整卡片图的大小及位置。

（6）设置完毕，保存文件。

4. 销售净利率卡片图

（1）在报表视图下，在画布空白处单击鼠标。

（2）在可视化窗格中单击卡片图按钮，画布中自动出现一个卡片图可视化对象。

（3）在字段窗格中，选中度量值“盈利能力：销售净利率”，按下鼠标左键将其拖动到可视化窗格中的“字段”栏处。

（4）在可视化窗格中，单击按钮，切换到“格式”状态，设置卡片图的相关属性。在“数据标签”选项下，将“文本大小”设置为42；将“类别标签”选项开关打开。

（5）调整卡片图的大小及位置。

（6）设置完毕，保存文件。

5. 总资产周转率卡片图

（1）在报表视图下，在画布空白处单击鼠标。

（2）在可视化窗格中单击卡片图按钮，画布中自动出现一个卡片图可视化对象。

（3）在字段窗格中，选中度量值“杜邦分析：总资产周转率”，按下鼠标左键将其拖动到可视化窗格中的“字段”栏处。

（4）在可视化窗格中，单击按钮，切换到“格式”状态，设置卡片图的相关属性。在“数据标签”选项下，将“文本大小”设置为42；将“类别标签”选项开关打开。

（5）调整卡片图的大小及位置。

（6）设置完毕，保存文件。

6. 净利润卡片图

（1）在报表视图下，在画布空白处单击鼠标。

（2）在可视化窗格中单击卡片图按钮，画布中自动出现一个卡片图可视化对象。

（3）在字段窗格中，选中度量值“利润表：净利润”，按下鼠标左键将其拖动到可视化窗格中的“字段”栏处。

（4）在可视化窗格中，单击按钮，切换到“格式”状态，设置卡片图的相关属性。在“数据标签”选项下，将“文本大小”设置为42；将“类别标签”选项开关打开。

（5）调整卡片图的大小及位置。

（6）设置完毕，保存文件。

7. 营业收入卡片图

（1）在报表视图下，在画布空白处单击鼠标。

（2）在可视化窗格中单击卡片图按钮，画布中自动出现一个卡片图可视化对象。

（3）在字段窗格中，选中度量值“利润表：营业收入”，按下鼠标左键将其拖动到可视化窗格中的“字段”栏处。

（4）在可视化窗格中，单击按钮，切换到“格式”状态，设置卡片图的相关属性。在“数据标签”选项下，将“文本大小”设置为42；将“类别标签”选项开关打开。

（5）调整卡片图的大小及位置。

（6）设置完毕，保存文件。

8. 总资产收益率卡片图

（1）在报表视图下，在画布空白处单击鼠标。

（2）在可视化窗格中单击卡片图按钮，画布中自动出现一个卡片图可视化对象。

（3）在字段窗格中，选中度量值“资产负债表：资产总额”，按下鼠标左键将其拖动到可视化窗格中的“字段”栏处。

（4）在可视化窗格中，单击按钮，切换到“格式”状态，设置卡片图的相关属性。在“数据标签”选项下，将“文本大小”设置为42；将“类别标签”选项开关打开。

（5）调整卡片图的大小及位置。

（6）设置完毕，保存文件。

9. 调整布局

（1）切换到“插入”选项卡，选择【形状|线条】命令，可插入直线。

（2）根据指标计算关系，利用直线将相关指标连接。

（3）调整各卡片图和直线至适合的大小和位置。

（4）设置完毕，保存文件。

【思考题】

（1）请举例说明透视与逆透视功能的作用。

（2）如何保证报表项目按正常顺序进行排序？

【上机实训】根据本章案例数据，完成以下模型设计：

（1）生成资产负债表，要求同时显示两家公司数据，以年份为切片器，可以选择货币单位为千元和万元。

（2）盈利能力对比分析，可以通过切片器选择盈利能力指标，然后对两家公司各年指标值进行对比分析。

（3）偿债能力趋势分析，可以通过切片器选择偿债能力指标和公司，然后对该公司各年指标进行趋势分析。

第 7 章　DAX 语言

7.1　DAX 语言概述

7.1.1　DAX 语言及其用途

DAX（Data Analysis eXpression），即数据分析表达式，是一种公式语言，主要用于在 Power BI 中建立公式，比如度量值、列、表等公式。

DAX 是函数语言，包括若干函数种类，具体分为日期和时间函数、筛选器函数、财务函数、信息函数、逻辑函数、数学和三角函数、关系函数、统计函数、表操作函数、文本函数、时间智能函数、父函数和子函数，以及其他函数。本章重点讲解常用的核心 DAX 函数，掌握好这些重点函数，即可满足大部分建模需求。

7.1.2　DAX 数据类型

正确地定义和使用数据类型，是书写 DAX 公式的基础。DAX 公式中最常用的数据类型包括整数、小数、文本、日期和布尔类型（逻辑值）。在数据视图下的“建模”选项卡中，单击“数据类型”下拉框可以查看修改数据类型，如图 7 – 1 所示；通过“格式”下拉框可以查看修改数据格式，如图 7 – 2 所示。

图 7 – 1　数据类型　　图 7 – 2　数据格式

7.1.3　DAX 公式书写规则与注意事项

1. 书写规则

DAX 公式始终以等号“ = ”开头。在等号后，可提供计算为标量的任何表达式，也可提供能转换为标量的表达式。大多数 DAX 函数需要一个或多个参数，其中包括表、列、表达式和值。函数分为有参函数和无参函数，其中无参函数不需要任何参数，但函数后的括号不能省略。

以新建度量值为例，DAX 函数书写规则如下：

2. 注意事项

（1）输入公式时，使用单引号“''”引用表，使用中括号“[ ]”引用列。

（2）新建度量值时，如果引用列，必须引用限定列，即列名前必须标明是哪个表的列；新建列时，如果引用当前表的列，则可以不标明表名。

（3）新建度量值时，可以引用已经建立好的其他度量值，只需直接将引用的度量值放入“[ ]”中，无须指定表名。

（4）各类运算符、符号都必须在英文状态下输入。

（5）DAX 函数可以嵌套，执行顺序是从内向外。

（6）如果公式较长，为了增强可读性，可以按 <Shift> + <Enter> 或 <Alt> + <Enter> 组合键换行继续书写。

【注释】 DAX 公式和表达式不能修改表中的单个值，也不能插入值。不能使用 DAX 创建计算行，只能创建计算列和度量值。有些 DAX 函数返回值为表，通常可将这些函数的返回值用作其他函数的输入参数（针对需要表作为输入参数的函数），当然也可用于新建表。

7.1.4　DAX 运算符

DAX 运算符主要包括算术运算符、文本运算符、比较运算符和逻辑运算符。

1. 算术运算符

DAX 算术运算符及示例见表 7－1。

表 7－1　　算术运算符

运算符	功能	示例
+	加法运算	1 + 1
-	减法运算	10 - 8
*	乘法运算	2 * 6
/	除法运算	10/3
^	幂运算	2^3

2. 关系运算符

DAX关系运算符及示例见表7-2。

表7-2　关系运算符

运算符	功能	示例
=	判断前后两个值是否相等	'客户'［客户名称］="华盛服饰"，表达式成立返回值为TRUE，否则为FALSE。
>	判断前值是否大于后值	'calendar'［date］>"2019/1/1"，表达式成立返回值为TRUE，否则为FALSE。
<	判断前值是否小于后值	'销售数据'［数量］< 500，表达式成立返回值为TRUE，否则为FALSE。
> =	判断前值是否大于等于后值	［销售额］> =10 000，表达式成立返回值为TRUE，否则为FALSE。
< =	判断前值是否小于等于后值	［销售额］< =10 000，表达式成立返回值为TRUE，否则为FALSE。

3. 文本运算符

DAX文本运算符“&”，用于将文本运算符前后两个值连接为一个文本，如表达式：'产品'［产品编码］&'产品'［产品名称］，其结果是将产品编码与产品名称连接为一个文本。

4. 逻辑运算符

DAX逻辑运算符及其示例见表7-3。

表7-3　逻辑运算符

<table>
<tr><th>运算符</th><th>功能</th><th>示例</th></tr>
<tr><td>&&</td><td>逻辑与</td><td>'销售部门'［部门名称］="华北销售部"&&'产品'［产品名称］="男子/长袖/白色/L"，条件同时成立时返回TRUE，否则返回FALSE。</td></tr>
<tr><td>| |</td><td>逻辑或</td><td>'销售部门'［部门名称］="东北销售部"| |'客户'［省份］="辽宁"| |'客户'［省份］="吉林"| |'客户'［省份］="黑龙江"，只要有一个条件成立返回TRUE，否则返回FALSE。</td></tr>
</table>

【注释】 不同类型运算符及同类运算内的不同运算符运算的优先顺序不同，可以利用小括号“（）”来改变运算符的优先顺序。

7.2 日期函数

7.2.1 CALENDAR 函数

语法：CALENDAR（< start_date >， < end_date >）

该函数返回具有单列“Date”的表，该列包含一组连续日期，日期范围从指定的开始日期到指定的结束日期（这两个日期包含在内）。参数 start_date 为开始日期，可以是任何返回日期/时间值的 DAX 表达式；参数 end_date 为结束日期，可以是任何返回日期/时间值的 DAX 表达式。

【例 7-1】以下公式将返回一个表，其中的“Date”列值介于 2020 年 1 月 1 日和 2020 年 12 月 31 日之间。

=CALENDAR（DATE（2020，1，1），DATE（2020，12，31））

【例 7-2】已知“销售数据”表存储了实际销售数据，“销售预算”表存储了未来销售预测数据，两张表均含有“date”列。如果希望返回一张涵盖以上两个表中的日期范围的日期表，公式如下：

=CALENDAR（MINX（销售数据，[Date]），MAXX（销售预算，[Date]））

7.2.2 CALENDARAUTO 函数

语法：CALENDARAUTO（[fiscal_year_end_month]）

该函数返回一个表，其中有一个包含一组连续日期的名为“Date”的列，日期范围基于模型中的数据自动计算。参数 fiscal_year_end_month 为返回从 1 到 12 的整数的任何 DAX 表达式，一般省略，此时默认值为 12。

【例 7-3】假定当前数据模型中的最小日期和最大日期分别为 2019 年 1 月 1 日和 2020 年 6 月 30 日。

以下公式将返回 2019 年 1 月 1 日到 2020 年 12 月 31 日之间的所有日期：

=CALENDARAUTO（）

以下公司将返回 2019 年 1 月 1 日到 2020 年 6 月 30 日之间的所有日期：

=CALENDARAUTO（7）

7.2.3 DATE 函数

语法：DATE（< year >，< month >，< day >）

该函数用于构造日期，利用输入的年、月、日整数参数，生成相对应的日期。对于参数 year，为避免意外错误，应尽量使用四位数的整数。参数 month 有效范围为 1-12，如果输入一个大于 12 的整数，则会进行以下计算：通过将“月份”的值与“年份”相加来计算日期。day 参数有效范围为 1-31，如果输入的整数大于给定月份的最后一天，则会进行以下计算：通过将“日期”的值与“月份”相加来计算日期。

【例 7 – 4】

以下公式将返回日期 2020 年 12 月 10 日：

= DATE（2020，12，10）

以下公式将返回日期 2021 年 1 月 10 日：

= DATE（2020，13，10）

以下公式将返回日期 2021 年 1 月 1 日：

= DATE（2020，12，32）

7.2.4　TODAY 函数

语法：TODAY（）

该函数不需输入参数，可以返回系统当前日期，在需要计算至今的时间间隔时，该函数将会十分有用。NOW 函数类似，但返回准确的时间，而 TODAY 为所有日期返回时间值 12：00：00。

【例 7 – 5】假定你的出生日期为 2005 年 2 月 10 日，以下公式将会计算出你的年龄：

= YEAR（TODAY（））– 2005

以下公式将计算出至今你已经活过了多少天：

= TODAY（）– DATE（2005，2，10）

7.2.5　YEAR/QUARTER/MONTH/DAY 函数

语法：YEAR（ <date> ）/QUARTER（ <date> ）/MONTH（ <date> ）/DAY（ <date> ）

YEAR 函数用于返回指定日期的年份，结果为四位整数。QUARTER 函数用于返回指定日期的季度，结果为 1 ~ 4 的整数。MONTH 函数用于返回指定日期的月份，结果为 1 ~ 12 的整数。DAY 函数用于返回指定日期的日，结果为 1 ~ 31 的整数。

【例 7 – 6】

以下公式将返回系统当前年份：

= YEAR（TODAY（））

以下公式将返回系统当前季度：

= QUARTER（TODAY（））

以下公式将返回系统当前月份：

= MONTH（TODAY（））

以下公式将返回系统当前日：

= DAY（TODAY（））

7.2.6　WEEKDAY 函数

语法：WEEKDAY（ <date>， <return_type> ）

该函数用于判断所指定的日期是星期几，返回值为 1 ~ 7 之间的整数。参数 date 为指定的日期。参数 return_type 用于确定返回值，范围是 1 ~ 3，默认值为 1。return_type 指定为 1

时，周从星期日（1）开始，到星期六（7）结束。return_type 指定为 2 时，周从星期一（1）开始，到星期日（7）结束。return_type 指定为 3 时，周从星期一（0）开始，到星期日（6）结束。

【例 7-7】你想知道自己出生那一天是星期几吗？仍然假定你的出生日期为 2005 年 2 月 10 日，以下公式将会计算出你是在星期几出生的：

=WEEKDAY（DATE（2005,12,10）,2）

7.2.7　WEEKNUM 函数

语法：WEEKNUM（<date>,<return_type>）

该函数用于返回所指定日期在当年的周数。return_type 参数用于确定返回值，当一周从星期日开始时，指定为 1，当一周从星期一开始时，指定为 2，默认值为 1。

【例 7-8】以下公式判断今天是当年的第几周：

=WEEKNUM（TODAY（）,2）

7.2.8　DATEDIF 函数

语法：DATEDIFF（<start_date>,<end_date>,<interval>）

该函数用于计算所指定的起始日期和结束日期（不能小于起始日期）之间的时间间隔，间隔单位由 interval 参数指定，可以是 SECOND、MINUTE、HOUR、DAY、WEEK、MONTH、QUARTER、YEAR。

【例 7-9】仍然假定你的出生日期为 2005 年 2 月 10 日。

以下公式将会计算出你至今已经活过了多少年：

=DATEDIF（TODAY（）,DATE（2005,12,10）,YEAR）

以下公式将会计算出你至今已经活过了多少季：

=DATEDIF（TODAY（）,DATE（2005,12,10）,QUARTER）

以下公式将会计算出你至今已经活过了多少月：

=DATEDIF（TODAY（）,DATE（2005,12,10）,MONTH）

以下公式将会计算出你至今已经活过了多少周：

=DATEDIF（TODAY（）,DATE（2005,12,10）,WEEK）

以下公式将会计算出你至今已经活过了多少天：

=DATEDIF（TODAY（）,DATE（2005,12,10）,DAY）

7.3　数学函数和统计函数

7.3.1　SUM/AVERAGE/MAX/MIN 函数

语法：SUM（<column>）/AVERAGE（<column>）/MAX（<column>）/MIN

(<column>)

该组函数用于计算指定列的合计、平均值、最大值和最小值。

【例 7-10】 假定“销售数据”表的“数量”列存储了商品销量数据。

以下度量值将计算销量合计:

销售量 = SUM ('销售数据' [数量])

以下度量值将计算平均销量:

销售量 = AVERAGE ('销售数据' [数量])

以下度量值将计算最大销量:

销售量 = MAX ('销售数据' [数量])

以下度量值将计算最小销量:

销售量 = MIN ('销售数据' [数量])

7.3.2 SUMX/AVERAGEX/MAXX/MINX 函数

语法: SUMX (<table>, <expression>) /AVERAGEX (<table>, <expression>) /MAXX (<table>, <expression>) /MINX (<table>, <expression>)

该组函数用于针对指定表(可以是表名或返回值为表的表达式)的每一行计算给定的表达式,并分别返回合计、平均值、最大值和最小值。该组函数属于行上下文函数。

【例 7-11】 假定“销售数据”表的“数量”列存储了销量数据,“产品”表的“价格”列存储了各产品价格,两张表已通过产品 ID 建立了关系。

以下度量值将计算产品的销售额:

销售额 = SUMX ('销售数据', [数量] * RELATED ('产品' [价格]))

7.3.3 COUNTROWS 函数

语法: COUNTROWS (<table>)

该函数对指定表或表达式定义的表中的行数目进行计数。

【例 7-12】 表“销售部门”存储了销售部门信息,表“销售数据”存储了销售数据,两表通过部门编码进行关联。“销售数据”表每一行代表了一条开票信息。

以下度量值可以统计开票数量:

开票数量 = COUNTROWS ('销售数据')

以下度量值可以统计销量大于 10 000 的部门数量:

销量 = SUM ('销售数据' [数量])

销量大于 10 000 的部门数量 = COUNTROWS (FILTER ('销售部门', [销量] > 10 000))

【注释】 FILTER 函数的讲解见下文。

7.3.4 DISTINCTCOUNT 函数

语法: DISTINCTCOUNT (<column>)

该函数对指定列中的非重复值数目进行计数。

【例 7 – 13】 表“销售部门”存储了销售部门信息，表“销售数据”存储了销售数据，两表通过部门编码进行关联。

以下度量值可以统计所有部门数量：

部门数量 1 = DISTINCTCOUNT（'销售部门'［部门名称］）

以下度量值可以统计有销售业绩的部门数量：

部门数量 2 = DISTINCTCOUNT（'销售数据'［部门编码］）

7.3.5 RANKX 函数

语法：RANKX（< table >，< expression >［，< value >［，< order >［，< ties >］］］）

该函数用于计算排名，前两个参数为必选项，第一个参数为任何返回已计算其表达式的数据库表的 DAX 表达式，第二个参数为任何返回单个标量值的 DAX 表达式，函数为表的每一行计算表达式以生成所有可能的值来进行排名。后三个参数为可选项。第三个参数一般为空。第四个参数默认为 0 表示降序（第 1 名为最大值），设为 1 表示升序（第 1 名为最小值）。第五个参数用于设置存在等同值时如何确定排名，默认方式为 Skip（跳过），如果存在等同值，那么此等同值之后下一个排名值是等同值加上关联值计数的值，如果设置为 Dense（紧凑方式），如果存在等同值，那么此等同值之后的下一个排名值就是下一个排名值。例如，当前两名表达式的值相同时，如果设置为 Skip，则第三名排名为 3，如果设置为 Dense，则第三名排名为 2。该函数也属于行上下文函数。

【例 7 – 14】 表“销售部门”存储了销售部门信息，表“销售数据”存储了销售数据，两表通过部门编码进行关联。如何对各销售部门按销量业绩进行排名？

销量 = SUM（'销售数据'［数量］）

排名 = RANKX（ALL（'销售部门'），［销量］）

新建一个表可视化对象，行参数设置为表“销售部门”的“部门名称”，值参数设置为度量值［销量］和［排名］，即可显示各销售部门的销量及排名。

其运算逻辑如下：

（1）识别初始筛选条件，但 ALL 函数将扩大上下文，返回全部销售部门的表。

（2）RANKX 函数属于行上下文函数，对该表进行逐行扫描，度量值会把行上下文转为筛选上下文，并计算出部门销量。

（3）对各部门销量在所有部门中进行排名。

7.3.6 DIVIDE 函数

语法：DIVIDE（< numerator >，< denominator >［，< alternateresult >］）

该函数执行除法运算，返回 numerator 除以 denominator 的值，如果被 0 除时不会报错，而是返回备用结果 alternateresult 或 BLANK（）。由于这一特性，建模过程中需要使用除法运算时，一定要使用该函数。

7.4　逻辑函数

7.4.1　IF 函数

语法：IF（<logical_test>，<value_if_true>[，<value_if_false>]）

该函数检查条件 logical_test 是否成立，如果为 TRUE，则返回表达式 value_if_true 的值，否则返回 value_if_false 表达式的值。

【例 7-15】“销售数据”表存储有各产品销量（“数量”列）及销售额（“金额”列）数据，希望通过切片器选择分析项目是“销量”还是“销售额”。实现思路如下：

（1）新建分析项目辅助表，该表“项目”列包含“销量”和“销售额”两个值。

（2）新建销量和销售额度量值：

销量 = SUM（'销售数据'[数量]）

销售额 = SUM（'销售数据'[金额]）

（3）设置切片器，字段为‘分析项目’[项目]。

（4）新建度量值获取分析项目：

分析项目 = selectedvalue（'分析项目'[项目]）

（5）利用 IF 函数建立显示值度量值：

显示值 = IF（[分析项目] ="销量"，[销量]，[销售额]）

（6）利用可视化对象，显示度量值“显示值”即可。

7.4.2　SWITCH 函数

语法：SWITCH（<expression>，<value>，<result>[，<value>，<result>]…[，<else>]）

该函数针对值列表计算表达式，并返回多个可能的结果表达式之一，如果与 value 匹配，则该值来自其中一个 result 表达式，如果与任何 value 值都不匹配，则该值来自 else 表达式。要求所有 result 表达式和 else 表达式必须属于同一数据类型。

【例 7-16】以下度量值将返回 1-12 月各月份的英文名称，如果[month]值不在 1-12 范围内，则返回“Unknown month number”。

```
= SWITCH（[Month],
            1,"January",
            2,"February",
            3,"March",
            4,"April",
            5,"May",
            6,"June",
```

```
        7,"July",
        8,"August",
        9,"September",
        10,"October",
        11,"November",
        12,"December",
        "Unknown month number")
```

【例 7 -17】 表“应收账款”存储有各客户应收账款余额及应收账款日期，以下度量值自动计算各笔应收账款账龄。

```
账龄 =
var ye = '应收账款' [余额]
var zl = TODAY ( ) - '应收账款' [日期]
var zl2 = switch (true ( ),
        ye = 0,"",
        zl < = 60,"60 天以内",
        zl < = 90,"60 天至 90 天",
        zl < = 180,"90 天至 180 天",
        zl < = 360,"180 天至 1 年",
        zl < = 1 080,"1 年至 3 年",
        z > 1 080,"3 年以上")
return zl2
```

其运算逻辑如下：

（1）计算应收账款余额，并存储于变量 ye。

（2）计算应收账款账龄天数，并存储于变量 zl。

（3）利用 SWITCH 函数，判断账龄区间并存储于变量 zl2。如果 ye 等于 0，则账龄为空；如果 zl < = 60，账龄为“60 天以内”……；如果 zl > 1 080，账龄为“3 年以上”。

（4）利用 RETURN 语句，将变量 zl2 的值返回给度量值“账龄”。

7.5 筛选器函数

7.5.1 CALCULATE 函数

语法：CALCULATE (<expression> [, <filter1> [, <filter2> [, …]]])

该函数在已修改的筛选器上下文中计算表达式。expression 是要进行求值的表达式，一般为度量值；filter1、filter2……用于定义筛选器或筛选器修饰符函数的布尔表达式或表表达式，当存在多个筛选器时，将使用AND逻辑运算符对它们进行计算，也就是所有条件都必须同时成立。

CALCULATE函数可以说是DAX语言中最为强大的函数，其参数由两部分构成：第一部分是计算器，用于执行特定计算；第二部分是筛选器，用于限定筛选条件。

【注释】CALCULATE函数自带的筛选条件可以对初始筛选条件进行增删改。

【例7-18】"销售数据"表存储了所有销售数据，"销售部门"表储存了各销售部门信息，已通过部门ID与"销售数据"表进行关联。

销量1=SUM（'销售数据'[数量]）

销量2=CALCULATE（[销量1],'销售部门'[部门名称]="华北销售部"）

度量值"销量2"的运算逻辑如下：

（1）首先识别切片器、行、列等初始筛选条件。

（2）初始筛选条件落入CALCULATE函数筛选器，进行第二次筛选，而CALCULATE函数的筛选条件是"销售部门"表中的"部门名称"为"华北销售部"，这与初始筛选条件发生了冲突，而函数可以对初始筛选条件进行更改，于是生成了新的筛选条件，"销售部门"表中的"部门名称"为"华北销售部"。

（3）CALCULATE函数中的计算器在新的筛选条件下执行计算，得到"华北销售部"的销量。

【注释】上下文（Context），即执行运算的环境范围。表格由行和列组成，所以上下文分为行上下文和筛选上下文。行上下文是针对行的，可以简单理解为：行上下文=当前行；而筛选上下文是针对列的，大量的筛选条件都属于列上下文。行上下文不会自动转换成筛选上下文，如果需要转换，则必须使用CALCULATE函数。度量值是自带CALCULATE函数功能的，例如，"=sum（'销售数据表'[数量]）"，相当于"Calculate（sum（'销售数据表'[数量]））"，因此，度量值可以自动将行上下文转换为筛选上下文。

7.5.2　ALL函数

语法：ALL（[<table>|<column>[，<column>[，<column>[，…]]]]）

该函数返回表中的所有行或列中的所有值，同时忽略可能已应用的任何筛选器，对于清除表中所有行的筛选器以及创建针对表中所有行的计算非常有用。通俗地说，All函数的功能就是删除筛选条件，从而起到扩大筛选范围的作用。

使用该函数时应注意以下几点：

（1）如果针对表设置条件，All函数引用初始条件列所在表与引用度量值计算所在表的结果是一致的。

（2）如果针对列设置条件，All函数清除的筛选列和初始筛选条件中的筛选列要完全一致，即必须是同一表的同一列。

（3）All函数所有引用列必须来自同一张表，否则是无效的。如果确实需要使用All函数引用多张表，可以利用CALCULATE函数中的逗号间隔：All（），All（），All（）……

（4）All函数的返回值为表，所以该类函数不能够单独使用，必须配合引用表的函数使用，如 CALCULATE、COUNTROWS、FILTER 等。

【例 7 –19】“销售数据”表存储了所有销售数据，“销售部门”表存储了各销售部门信息，已通过部门 ID 与“销售数据”表进行关联，“Calendar”表存储了日期数据，已通过 date 字段与“销售数据”表进行了关联。制作一个矩阵可视化对象，将其行字段设置为部门，列字段设置为年份。

以下度量值将计算对应部门和对应年份的销量：

销量 1 = SUM（'销售数据'［数量］）

以下度量值将忽略所有初始筛选条件，计算所有销量，即矩阵各行各列值均相等：

销量 2 = CALCULATE（［销量 1］，ALL（'销售数据'））

销量 3 = CALCULATE（［销量 1］，ALL（'销售部门'），ALL（'calendar'））

以下度量值将忽略部门的初始筛选条件，计算各年份销量，即对于每一年份列，所有行值相同，不按部门筛选：

销量 4 = CALCULATE（［销量 1］，All（'销售部门'［部门名称］））

以下度量值将忽略年份的初始筛选条件，计算各部门销量，即对于每一部门行，所有列值相同，不按年份筛选：

销量 5 = CALCULATE（［销量 1］，All（'calendar'［年份］））

7.5.3 ALLEXCEPT 函数

语法：ALLEXCEPT（<table>，<column>［，<column>［，…］］）

该函数用于删除表中所有上下文筛选器，但已应用于指定列的筛选器除外。如果要删除表中多个（但不是所有）列的筛选器，使用该函数是比较方便的。

【例 7 –20】假定已针对销售数据表设置了部门、业务员、年份筛选条件，以下公式将删除部门和业务员筛选条件，只保留年份筛选条件：

= ALLEXCEPT（'销售数据'，［部门］，［业务员］）

7.5.4 ALLSELECTED 函数

语法：ALLSELECTED（［<tableName> | <columnName>［，<columnName>［，…］］］）

该函数用于删除当前查询的列和行中的上下文筛选器，同时保留所有其他上下文筛选器或显式筛选器，可用于获取查询中的直观统计。

【例 7 –21】新建一个 power bi 文件，导入第 2 章案例数据，定义以下三个度量值：

销量 1 = SUM（'销售数据'［数量］）

销量 2 = CALCULATE（［销量 1］，ALL（'销售部门'［部门名称］））

销量 3 = CALCULATE（［销量 1］，ALLSELECTED（'销售部门'［部门名称］））

设置一个部门切片器，然后依次添加三个矩阵，行字段均为“部门名称”，列字段均为“产品名称”，值字段分别为度量值［销量 1］、［销量 2］和［销量 3］，结果如图 7 –3 所示。可见，［销量 1］统计了各产品、各部门的销量；［销量 2］统计了各产品所有部门（而不是筛选器选择的部门）的销量；［销量 3］由于使用了 ALLSELECTED 函数，统计了各产品通过切片器选定的销售部门的销量。

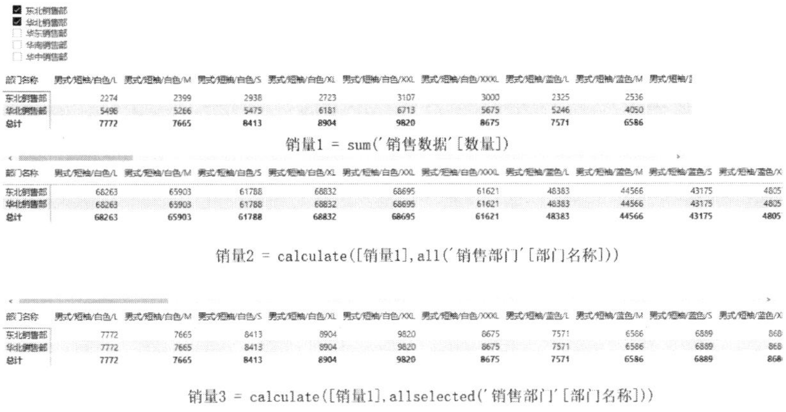

☑ 东北销售部
☑ 华北销售部
☐ 华东销售部
☐ 华南销售部
☐ 华中销售部

部门名称	男式/短袖/白色/L	男式/短袖/白色/M	男式/短袖/白色/S	男式/短袖/白色/XL	男式/短袖/白色/XXL	男式/短袖/白色/XXXL	男式/短袖/蓝色/L	男式/短袖/蓝色/M	男式/短袖/
东北销售部	2274	2399	2938	2723	3107	3000	2325	2536	
华北销售部	5498	5266	5475	6181	6713	5675	5246	4050	
总计	7772	7665	8413	8904	9820	8675	7571	6586	

销量1 = sum('销售数据'[数量])

部门名称	男式/短袖/白色/L	男式/短袖/白色/M	男式/短袖/白色/S	男式/短袖/白色/XL	男式/短袖/白色/XXL	男式/短袖/白色/XXXL	男式/短袖/蓝色/L	男式/短袖/蓝色/M	男式/短袖/蓝色/S	男式/短袖/蓝色/X
东北销售部	68263	65903	61788	68832	68695	61621	48383	44566	43175	4805
华北销售部	68263	65903	61788	68832	68695	61621	48383	44566	43175	4805
总计	68263	65903	61788	68832	68695	61621	48383	44566	43175	4805

销量2 = calculate([销量1],all('销售部门'[部门名称]))

部门名称	男式/短袖/白色/L	男式/短袖/白色/M	男式/短袖/白色/S	男式/短袖/白色/XL	男式/短袖/白色/XXL	男式/短袖/白色/XXXL	男式/短袖/蓝色/L	男式/短袖/蓝色/M	男式/短袖/蓝色/S	男式/短袖/蓝色/X
东北销售部	7772	7665	8413	8904	9820	8675	7571	6586	6889	868
华北销售部	7772	7665	8413	8904	9820	8675	7571	6586	6889	868
总计	7772	7665	8413	8904	9820	8675	7571	6586	6889	868

销量3 = calculate([销量1],allselected('销售部门'[部门名称]))

图 7－3　allselected 函数示例

7.5.5　FILTER 函数

语法：FILTER（<table>，<filter>）

该函数返回一个表，用于表示另一个表或表达式的子集。参数 table 是要筛选的表，可以是生成表的表达式，例如 ALL 函数、FILTER 函数等返回的表。参数 FILTER 是要为表的每一行计算的布尔表达式。

度量值由两部分构成：筛选器和计算器，而 FILTER 函数就是最强大的筛选器。FILTER 函数也是返回一张表，所以无法单独使用，往往与 CALCULATE 等函数搭配使用。

FILTER 函数属于迭代函数，会对所筛选的表进行横向地逐行扫描，针对每一行循环地执行设定的筛选条件，因此，应尽量在维度表中而非数据表中使用该函数，避免大量的数据运算。此外，如果使用 CALCULATE 函数的直接筛选功能可以完成相关任务时，切忌使用 FILTER 函数。

FILTER 与 CALCULATE 函数的筛选条件构造方式比较见表 7－4。

表 7－4　　FILTER 与 CALCULATE 函数的筛选条件构造方式比较

CALCULATE 筛选条件构造	FILTER 筛选条件构造
[列] <关系运算>固定值	[列] <关系运算>固定值
	[列] <关系运算> [度量值]
	[列] <关系运算>公式
	[列] <关系运算> [列]
	[度量值] <关系运算> [度量值]
	[度量值] <关系运算>公式
	[度量值] <关系运算>固定值

【例 7－22】 新建一个 power bi 文件，导入第 2 章案例数据。新建以下两个度量值：

销量 1 = SUM（'销售数据'［数量］）

销量 2 = CALCULATE（［销量 1］，FILTER（'销售部门'，［销量 1］ >10 000））

新建一个矩阵可视化对象，将其行字段设置为“部门名称”，将其列字段设置为“产品名称”，将值字段设置为度量值［销量 2］，结果如图 7－4 所示。

部门名称	男式/短袖/白色/L	男式/短袖/白色/M	男式/短袖/白色/S	男式/短袖/白色/XL	男式/短袖/白色/XXL	男式/短袖/白色/XXXL	男式/短袖/蓝色/L	男式/短袖/蓝色/M	男式/短袖/蓝色/S	男式/短袖/蓝色/XL
东北销售部										
华北销售部										
华东销售部	22942	22013	19990	22174	21612	19387	15116	14258	13655	14495
华南销售部	21129	20457	18858	21130	20844	18685	14059	12981	12380	13814
华中销售部	16420	15768	14527	16624	16419	14874	11637	10741	10251	11068
总计	**60491**	**58238**	**53375**	**59928**	**58875**	**52946**	**40812**	**37980**	**36286**	**39377**

图 7－4　FILTER 函数示例

以上模型的运算逻辑如下：

首先，识别筛选器、行、列、图例、切片器等设置的初始筛选条件，此处只涉及行的部门筛选条件和列的产品筛选条件，把对应的部门、产品筛选出来。

其次，CALCULATE 函数筛选条件会对初始筛选条件进行增删改从而产生新的筛选条件，此处是使用了 FILTER 函数增加了新的筛选条件。FILTER 函数从第一行开始逐行扫描销售部门表，得到第一行的销售部门后，由于销售部门表与销售数据表通过部门 ID 建立了关系，所以部门信息传递到销售数据表，就把该部门的销售数据筛选出来，在此基础上计算度量值［销量 1］，然后判断是否满足筛选条件，即该部门销量合计大于 10 000 是否成立，条件成立则保留该结果，否则删除。继续重复以上步骤，扫描销售部门表中的下一行，待所有行被扫描完毕，一张保留符合筛选条件的销售部门信息的虚拟表就创建好了，并与所筛选的原销售部门表关联。至此，FILTER 函数执行完毕。

最后，由 CALCULATE 函数根据 FILTER 返回的虚拟表为新的筛选条件，计算度量值［销量 1］并输出结果。

【注释】 如果将上述度量值［销量 2］改为“ = CALCULATE（［销量 1］，FILTER（'销售部门'，SUM（'销售数据'［数量］） >10 000））”，此时，结果如图 7－5 所示。二者差异在于总计数的不同，究其原因，度量值的计算是依据 FILTER 转换后的筛选上下文进行的，而表达式“SUM（'销售数据'［数量］）”是依据初始筛选上下文进行的。

部门名称	男式/短袖/白色/L	男式/短袖/白色/M	男式/短袖/白色/S	男式/短袖/白色/XL	男式/短袖/白色/XXL	男式/短袖/白色/XXXL	男式/短袖/蓝色/L	男式/短袖/蓝色/M	男式/短袖/蓝色/S	男式/短袖/蓝色/XL
东北销售部										
华北销售部										
华东销售部	22942	22013	19990	22174	21612	19387	15116	14258	13655	14495
华南销售部	21129	20457	18858	21130	20844	18685	14059	12981	12380	13814
华中销售部	16420	15768	14527	16624	16419	14874	11637	10741	10251	11068
总计	**68263**	**65903**	**61788**	**68832**	**68695**	**61621**	**48383**	**44566**	**43175**	**48057**

图 7－5　FILTER 函数中公式与度量值的比较

7.5.6　LOOKUPVALUE 函数

语法：LOOKUPVALUE（<result_columnName>，<search_columnName>，<search_value>［，<search2_columnName>，<search2_value>］…［，<alternateResult>］）

该函数返回满足一个或多个搜索条件所指定的所有条件的行的值。如果没有符合所有搜索值的匹配项，则返回 BLANK 或 alternateResult（如果提供）。如果有多行匹配搜索值，并且在所有情况下 result_column 值都相同，则返回该值。但是，如果 result_column 返回不同的值，则返回错误或 alternateResult（如果提供）。

LOOKUPVALUE 函数可以根据多种条件去精确查找目标数据，且无须表间关系。

【例 7-23】 假定产品表存储了各产品价格信息，如果想根据销售数据表中的产品编码去查找对应产品的价格信息（无论有无建立表间关系），在销售数据表中新增价格一列，定义其计算公式如下即可：

=LOOKUPVALUE（'产品'[价格],'产品'[产品编码],'销售数据'[产品编码]）

7.5.7 SELECTEDVALUE 函数

语法：SELECTEDVALUE（<columnName>[，<alternateResult>]）

如果筛选指定列的上下文后仅剩下一个非重复值，则返回该值，否则返回 alternateResult（如指定的话）或者 BLANK（）。具体用法见前文【例 7-15】。

7.5.8 CALCULATETABLE 函数

语法：CALCULATETABLE（<expression>[，<filter1>[，<filter2>[，…]]]）

该函数根据指定的表表达式和筛选条件，在已修改的筛选器上下文中计算表表达式，返回值为符合筛选条件的表。

【例 7-24】 新建表，根据"销售数据"表生成 2018 年销售数据表，公式如下：

2018 销售数据 = CALCULATETABLE（'销售数据','销售数据'[年份] = 2018）

表"2018 销售数据"与"销售数据"表结构完全一致，只是仅仅包含 2018 年销售数据。

返回的表可以参与其他函数运算。例如，下列公式将计算 2018 年销量合计：

=SUM（CALCULATETABLE（'销售数据','销售数据'[年份] = 2018），[数量]）

7.5.9 EARLIER 函数

语法：EARLIER（<column>，<number>）

该函数返回所指定列的外部计算传递中指定列的当前值。对于要将某个值用作输入并基于该输入生成计算的嵌套计算而言，EARLIER 非常有用。参数 column 表示解析为列的列或表达式，参数 number 表示外部计算传递的正数，下一个外部计算级别由 1 表示，两个外部级别由 2 表示，依此类推，省略时，默认值为 1。

Earlier 函数也是一个行上下文函数，主要用于筛选条件的构建。

【例 7-25】 在"客户"表中，新增一列，用于计算各省份的销量，公式如下：

省份销量 = CALCULATE（SUM（'销售数据'[数量]），
FILTER（'客户','客户'[省份] = EARLIER（'客户'[省份]）））

7.6 时间智能函数

从时间维度对比分析数据是经常用到的一种分析方法，例如同比、环比等。Power BI 提供时间智能函数（Time Intelligence 函数），可以根据需要任意设置时间轴，进而调取相应时段内的数据。

DAX 语言提供了 35 个时间智能函数，在此我们介绍其中一些重点函数，并将其分类为时段类函数、时点类函数和计算类函数三种类型。

7.6.1 时段类时间智能函数

时段类时间智能函数返回的是一张表示某一个具体时间区间的表，时点函数返回的是一个有唯一值即特点日期的表。因为时间段函数和时点函数的返回值均为表，所以不能单独使用，一般作为 CALCULATE 函数的筛选条件。该类函数及示例见表 7 -5。

表 7 -5 时段类时间智能函数

序号	函数	示例	功能
1	Datesytd（） Datesqtd（） Datesmtd（）	Datesytd（'日历表'[日期]） Datesqtd（'日历表'[日期]） Datesmtd（'日历表'[日期]）	本年至今累计 本季度至今累计 本月至今累计
2	Dateadd（）	Dateadd（'日历表'[日期]，-1，year） Dateadd（'日历表'[日期]，1，year） （1）Year 为时间间隔，还可设置为 quarter，month，day （2）Dateadd（'日历表'[日期]，-1，year）等同于 Sameperiodlastyear（'日历表'[日期]） （3）第 2 个参数可以指定任意正负整数，负数表示向前若干期，正数表示向后若干期	返回时间区间 2019 -9 -1 至 2019 -9 -5 返回时间区间 2021 -9 -1 至 2021 -9 -5 *假定当前时间上下文为 2020 -9 -1 至 2020 -9 -5，下同
3	Previousyear（） Previousquarter（） Previousmonth（）	Previousyear（'日历表'[日期]） Previousquarter（'日历表'[日期]） Previousmonth（'日历表'[日期]）	返回 2019 年全年时间区间 返回 2020 年第 2 季度整个时间区间 返回 2020 年 8 月份整个时间区间
4	Nextyear（） Nextquarter（） Nextmonth（）	Nextyear（'日历表'[日期]） Nextquarter（'日历表'[日期]） Nextmonth（'日历表'[日期]）	返回 2021 年全年时间区间 返回 2020 年第 4 季度整个时间区间 返回 2020 年 10 月份整个时间区间

续表

序号	函数	示例	功能
5	Parallelperiod（）	Parallelperiod（'日历表'［日期］，-1，year） Parallelperiod（'日历表'［日期］，1，year） （1）Year 为时间间隔，还可设置为 quarter，month，day （2）第 2 个参数可以指定任意正负整数，负数表示向前若干期，正数表示向后若干期	返回 2019 年全年时间区间 返回 2021 年全年时间区间
6	Datesbetween（）	Datesbetween（'日历表'［日期］,"2019 - 1 - 1"，max（'日历表'［日期］））	返回 2019 - 1 - 1 至 2020 - 9 - 5 时间区段
7	Datesinperiod（）	Datesinperiod（'日历表'［日期］,"2019 - 1 - 1"，1，year） （1）Year 为时间间隔，还可设置为 quarter，month，day （2）第 2 个参数可以指定任意正负整数，负数表示向前若干期，正数表示向后若干期	以 2019 - 1 - 1 为起点向后跨度 1 年，即 2019 - 1 - 1 至 2019 - 12 - 31

7.6.2　时点类时间智能函数

时点类时间智能函数返回一个具体日期，该类函数及示例见表 7 - 6。

表 7 - 6　时点类时间智能函数

序号	函数	示例	功能
1	Firstdate（）	Firstdate（'日历表'［日期］） Firstdate（All（'日历表'［日期］））	返回筛选上下文最小日期 返回日历表中最小日期
2	Lastdate（）	Lastdate（'日历表'［日期］） Firstdate（All（'日历表'［日期］））	返回筛选上下文最大日期 返回日历表中最大日期
3	Endofyear（） Endofquarter（） Endofmonth（）	Endofyear（'日历表'［日期］） Endofquarter（'日历表'［日期］） Endofmonth（'日历表'［日期］）	返回本年最晚的一天 返回本季度最晚的一天 返回本月最晚的一天
4	Startofyear（） Startofquarter（） Startofmonth（）	Startofyear（'日历表'［日期］） Startofquarter（'日历表'［日期］） Startofmonth（'日历表'［日期］）	返回本年最早的一天 返回本季度最早的一天 返回本月最早的一天

7.6.3　计算类时间智能函数

计算类时间智能函数可以计算某一时段或某一时点的特定值，该类函数可以结合时段类或时点类函数，用 CALCULATE 替代。该类函数及示例见表 7 - 7。

表 7 – 7 计算类时间智能函数

<table>
<tr><th>序号</th><th>函数</th><th>示例</th><th>功能</th></tr>
<tr><td rowspan="2">1</td><td rowspan="2">Totalytd（）
Totalqtd（）
Totalmtd（）</td><td>Totalytd（[销量 1],'日历表'[日期]）
Totalqtd（[销量 1],'日历表'[日期]）
Totalmtd（[销量 1],'日历表'[日期]）</td><td>计算本年至今累计销量
计算本季度至今累计销量
计算本月至今累计销量</td></tr>
<tr><td colspan="2">可用 CALCULATE（[销量 1]，datesytd（'日历表'[日期]））等替代</td></tr>
<tr><td rowspan="2">2</td><td rowspan="2">Closingbalanceyear（）
Closingbalancequarter（）
Closingbalancemonth（）</td><td>Closingbalanceyear（[度量值],'日历表'[日期]）</td><td>计算年（季、月）末度量值余额</td></tr>
<tr><td colspan="2">可用 CALCULATE（[度量值]，Endofyear（'日历表'[日期]））等替代</td></tr>
<tr><td rowspan="2">3</td><td rowspan="2">Openingbalanceyear（）
Openingbalancequarter（）
Openingbalancemonth（）</td><td>Openingbalanceyear（[度量值],'日历表'[日期]）</td><td>计算年（季、月）初度量值余额</td></tr>
<tr><td colspan="2">可用 CALCULATE（[度量值]，Startofyear（'日历表'[日期]））等替代</td></tr>
</table>

7.7 关系函数

7.7.1 RELATED 函数

语法：RELATED（ <column> ）

该函数根据表间关系，根据“多”端表去查找“一”端表某列值。

【例 7 – 26】假定产品表存储了各产品价格信息，如果想根据销售数据表中的产品编码去查找对应产品的价格信息，产品表与销售数据表已通过产品 ID 建立关系，在销售数据表中新增价格一列，定义其计算公式如下即可：

= RELATED（'产品'[价格]）

7.7.2 RELATEDTABLE 函数

语法：RELATEDTABLE（ <tableName> ）

该函数根据表间关系，根据“一”端表去查找“多”端数据，返回值不是单一值，而是一张表。

【例 7 – 27】假定产品表存储了各产品价格信息，销售数据表存储了销售开票等数据，两表已通过产品 ID 建立关系，如果需要在产品表中统计各产品开票数量，可在产品表中新增一列，定义如下公式即可：

= COUNTROWS（RELATEDTABLE（'销售数据'））

7.7.3　USERELATIONSHIP

语法：USERELATIONSHIP（<columnName1>，<columnName2>）

该函数不返回任何值，仅用于实现 columnName1 与 columnName2 之间的关系。

在较为复杂的关系模型中，有时不能正常建立表间关系，此时，可以利用该函数在计算过程中临时启用指定的关系，从而顺利地完成所需要的计算。

【例 7-28】 假定表“Calendar”与“销售数据”关系不可用，可利用以下公式完成日期筛选条件下的销量计算：

```
销量 = CALCULATE (SUM（'销售数据'［销量]），
                  USERELATIONSHIP（'Calendar'［date],'销售数据'［日期]）
                  )
```

7.8　信息函数

7.8.1　ISFILTERED 函数

语法：ISFILTERED（<columnName>）

如果存在直接针对指定列 columnname 的筛选，返回值为 TRUE，否则为 FALSE。例如，进行层级分析时，可用该函数判断某一层级是否设置了筛选，具体用法见第 2 章。

7.8.2　ISBLANK 函数

语法：ISBLANK（<value>）

该函数用于判断所指定的 value 值是否为空，为空返回 TRUE，否则返回 FALSE。

有时，在运算时需要判断某个值是否为空，以此进行不同的运算。

【例 7-29】 在第 6 章，曾定义盈利能力指标，公式如下：

盈利能力：净资产收益率 = IF（ISBLANK（[上年净资产]）= TRUE，BLANK（），DIVIDE（[利润表：净利润]，（[上年净资产]+[资产负债表：净资产]）/2））

该公式根据净资产期初、期末余额的平均值来计算净资产收益率，如果不进行是否为空的判断，由于第 1 年不存在上年净资产，从而导致公式错误。因此，有必要先用 ISBLANK（）函数判断上年净资产是否为空，如为空，则净资产收益率设置为空，否则按公式计算净资产收益率。

7.8.3　HASONEVALUE

语法：HASONEVALUE（<columnName>）

如果筛选 columnName 的上下文后仅剩下一个非重复值，则返回 TRUE，否则返回 FALSE。

【例 7 -30】 在第 6 章，曾定义资产负债表金额公式如下：

资产负债表：金额 = IF（SUM（'资产负债表'［金额］）= 0，BLANK（），IF（HASONEVALUE（'货币单位'［单位］），DIVIDE（SUM（'资产负债表'［金额］），［换算单位］），SUM（'资产负债表'［金额］）））

此公式便利用了 HASONEVALUE 函数判断是否通过货币单位切片器选择了一种货币单位，如果选择了便用汇总的金额除以换算单位，否则直接汇总金额，相当于默认“元”为货币单位。

7.9　表操作函数

7.9.1　VALUES 函数

语法：VALUES（ < TableNameOrColumnName > ）

当输入参数为列名时，返回包含指定列中非重复值的单列表。当输入参数是表名时，返回指定表中的行，保留重复的行，可添加 BLANK 行。当在已筛选的上下文中使用 VALUES 函数时，VALUES 返回的唯一值将受到筛选器的影响。

【例 7 -31】 在第 6 章，曾用以下公式生成公司辅助表：= VALUES（‘利润表’［公司名称］）。以第 2 章案例数据为例，如果需要精确统计开票数量，可以定义以下公式：= COUNTROWS（VALUES（'销售数据'［发票号］）），该公式先用 VALUES 函数返回不重复的发票号，再利用 COUNTROWS 函数统计行数即可。

7.9.2　TOPN 函数

语法：TOPN（ < n_value >， < table >， < orderBy_expression >，［ < order > ［， < orderBy_expression >，［ < order > ］］ …］）

该函数返回指定表的前 n 行，并可按设置的排序方式进行排序。参数 n 表示要返回的行数。参数 table 为表，可以是提取前“n”行的数据表的任何 DAX 表达式。参数 orderBy_expression 的结果值用于对表进行排序。参数 order（可选）用于指定排序方式，0 或 FALSE 为降序，此为缺省值，1 或 TRUE 为升序。

【例 7 -32】 根据第 2 章案例数据，制作折线图，分析销量前三名销售部门的销量占比随年份季度变化趋势。步骤如下：

（1）新建一个 power bi 文件。

（2）导入案例数据。

（3）生成日历表，并建立与销售数据表的关联关系。

（4）新建度量值。

［销量］= SUM（'销售数据'［数量］）

［前三名销量］= CALCULATE（［销量］，TOPN（3，ALL（'销售部门'），［销量］））

[前三名销量占比] = DIVIDE ([前三名销量], [销量])

(5) 添加折线图，轴为“Calendar”表的“年度季度”，值为度量值 [前三名销量占比]，将轴排序方式改为“年度季度”、升序排序，结果如图7-6所示。

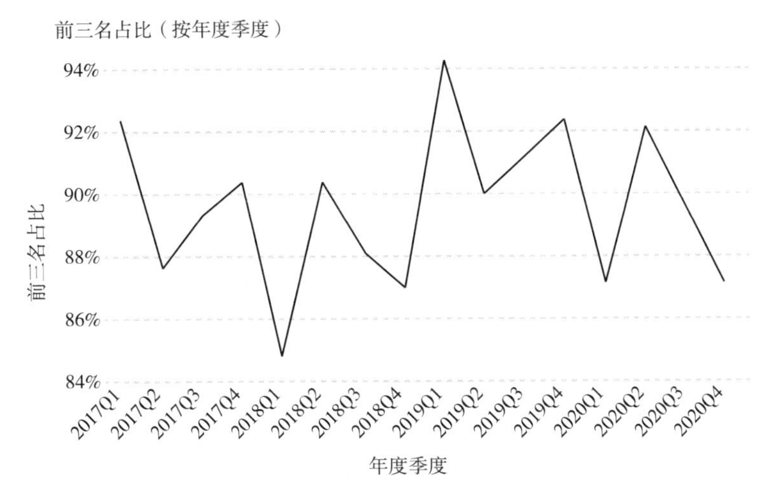

图7-6 TOPN函数示例

7.9.3 SUMMARIZE 函数

语法：SUMMARIZE (<table>, <groupBy_columnName> [, <groupBy_columnName>] … [, <name>, <expression>] …)

该函数用于返回一张表，该表包含现有列的限定名称、参数的选定列和由 name 参数设置的汇总列，其中表达式针对每一行上下文分别计算。

【例7-33】 在第3章，曾用该函数生成应收账款数据表，具体公式如下：

应收账款 = SUMMARIZE ('销售数据',

'销售数据' [日期],'销售数据' [部门编码],'销售数据' [业务员编码],'销售数据' [客户编码],

"余额", sum ('销售数据' [余额])

)

该公式，针对“销售数据”表，按日期、部门编码、业务员编码和客户编码对余额进行汇总，以生成每一笔应收账款记录。

7.9.4 SUMMARIZECOLUMNS 函数

语法：SUMMARIZECOLUMNS (<groupBy_columnName> [, <groupBy_columnName>] …, [<filterTable>] … [, <name>, <expression>] …)

该函数参数包括两大部分：第一部分为选定想要使用的某个表的某列，可以引用多列；第二部分相当于在原表基础上新建列，要给定新建列的名称，然后再以表达式的形式来定义其输出结果，这个表达式可以是度量值，也可以直接写公式，新建列也可以有多列。

【例7-34】 新建表，用于存储各年每个省份的开票数量，公式如下：

```
=SUMMARIZECOLUMNS (
                    'Calendar' [年度],
                    '客户' [省份],
                    "销售订单", COUNTROWS ('销售数据'))
```

7.9.5 ADDCOLUMNS

语法：ADDCOLUMNS (<table>, <name>, <expression> [, <name>, <expression>] …)

该函数将计算列添加到给定的表，返回值包含其所有原始列和添加列的表。

【例 7-35】 可以利用该函数自动生成日历表，公式如下：

```
Calendar = ADDCOLUMNS (
CALENDAR (DATE (2017, 1, 1), DATE (2020, 12, 31)),
"年度", YEAR ([Date]),
"季度","Q"&FORMAT ([Date],"Q"),
"月份", FORMAT ([date],"MM"),
"日", FORMAT ([date],"DD"),
"年度季度", FORMAT ([date],"YYYY") &"Q"&format ([date],"Q"),
"年度月份", FORMAT ([date],"YYYY/MM"),
"星期几", weekday ([date], 2)
)
```

7.9.6 GENERATE 函数

语法格式：GENERATE (<table1>, <table2>)

该函数返回一个表，其中包含 table1 中的每一行与在 table1 的当前行的上下文中计算 table2 所得表之间的笛卡尔乘积。

【例 7-36】 可以利用该函数自动生成日历表，公式如下：

```
Calendar =
GENERATE (
CALENDARAUTO (),
VAR currentdate = [date]
VAR year = year (currentdate)
VAR quarter = QUARTER (currentdate)
var month = FORMAT (currentdate,"MM")
var day = DAY (currentdate)
var weekid = WEEKDAY (currentdate)
RETURN ROW (
"年度", year&"年",
"季度", quarter&"季度",
```

"月份", month&"月",
"日", day,
"年度季度", year&"Q"&quarter,
"年度月份", year&month,
"星期几", weekid
))

7.9.7　INTERSECT/EXCEPT/UNION 函数

语法：INTERSECT（<table_expression1>, <table_expression2>）
EXCEPT（<table_expression1>, <table_expression2>）
UNION（<table_expression1>, <table_expression2>）

INTERSECT 函数是把两个表中相同的部分筛选出来，返回值为一个表，包含 table_expression1 中与 table_expression2 中共有的所有行的表，如图 7－7 所示。EXCEPT 函数是以第一张表为中心，除去两张表中相同的部分，返回值为一个表，包含一个表的行减去另一个表的所有行而得到的行，如图 7－8 所示。UNION 函数是把两张表合体，返回值为一个表，包括两张表的全部记录，如图 7－9 所示。

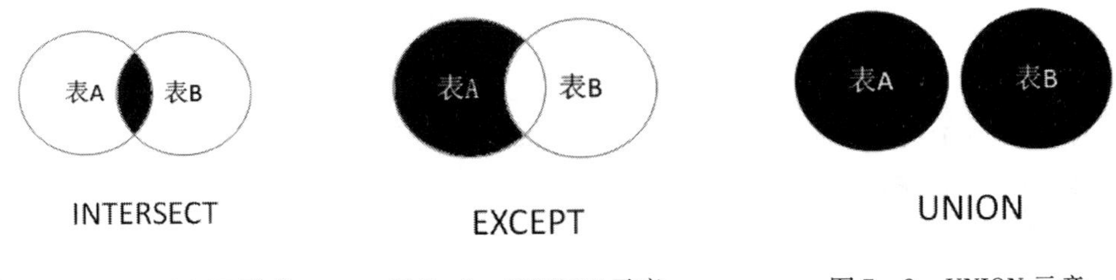

图 7－7　INTERSECT 示意　　图 7－8　EXCEPT 示意　　图 7－9　UNION 示意

7.10　父函数和子函数

7.10.1　PATH 函数

语法：PATH（<ID_columnName>, <parent_columnName>）

该函数返回一个带分隔符的文本字符串，其中包含当前标识符的所有父级的标识符，从最早的父级开始，一直持续到当前。

7.10.2　PATHLENGTH 函数

语法：PATHLENGTH（<path>）

该函数返回给定 PATH 结果中指定项的父项数目，包括自身。参数 path 是以 PATH 函数结果作为格式的文本字符串。

7.10.3 PATHITEM 函数

语法：PATHITEM（<path>，<position>［，<type>］）

该函数从 PATH 函数的计算结果得到的字符串，返回指定位置处的项。从左到右对位置进行计数。参数 path 是以 PATH 函数结果作为格式的文本字符串。参数 position 具有要返回的项的位置的整数表达式。参数 type 为 TEXT 或 0 时，返回的结果数据类型为文本，为默认值，为 INTEGER 或 1 时，将结果作为整数返回。

7.10.4 PATHITEMREVERSE 函数

语法：PATHITEMREVERSE（<path>，<position>［，<type>］）

该函数从 PATH 函数的计算结果得到的字符串，返回指定位置处的项。与 PATHITEM 不同的是，该函数从右到左对位置计数。

【例 7－37】 假定员工结构如表 7－8 所示。在该表新增 PATH、PATHLENGTH、PATHITEM、PATHITEMREVERSE 等四列，公式分别如下：

PATH = PATH（'员工结构'［员工 ID］,'员工结构'［上级 ID］）

PATHLENGTH = PATHLENGTH（'员工结构'［PATH］）

PATHITEM1 = PATHITEM（'员工结构'［PATH］，1）

PATHITEM2 = PATHITEM（'员工结构'［PATH］，2）

PATHITEM3 = PATHITEM（'员工结构'［PATH］，3）

PATHITEM4 = PATHITEM（'员工结构'［PATH］，4）

结果如图 7－10 所示。

如何依据员工姓名获取路径相关信息？可以先新建上级姓名列，公式如下：

上级姓名 = LOOKUPVALUE（'员工结构'［员工姓名］,'员工结构'［员工 ID］,'员工结构'［上级 ID］）

然后依据姓名按上述方法操作即可。

表 7－8　员工结构

员工 ID	员工姓名	上级 ID
n001	张旭	
n101	李勇	n001
n102	赵玉	n001
n10101	王芳	n101
n10102	项宏	n101
n10201	李娜	n102
n10202	马洁	n102
n1010101	郑强	n10101
n1010102	钱进	n10101

续表

员工 ID	员工姓名	上级 ID
n1010201	孙朗	n10102
n1010202	周峰	n10102
n1020101	侯军	n10201
n1020102	冯聪	n10201
n1020201	陈强	n10202
n1020202	魏东	n10202

员工ID	员工姓名	上级ID	PATH	PATHLENGTH	PATHITEM1	PATHITEM2	PATHITEM3	PATHITEM4
n001	张旭		n001	1	n001			
n101	李勇	n001	n001|n101	2	n001	n101		
n102	赵玉	n001	n001|n102	2	n001	n102		
n10101	王芳	n101	n001|n101|n10101	3	n001	n101	n10101	
n10102	项宏	n101	n001|n101|n10102	3	n001	n101	n10102	
n10201	李娜	n102	n001|n102|n10201	3	n001	n102	n10201	
n10202	马洁	n102	n001|n102|n10202	3	n001	n102	n10202	
n1010101	郑强	n10101	n001|n101|n10101|n1010101	4	n001	n101	n10101	n1010101
n1010102	钱进	n10101	n001|n101|n10101|n1010102	4	n001	n101	n10101	n1010102
n1010201	孙朗	n10102	n001|n101|n10102|n1010201	4	n001	n101	n10102	n1010201
n1010202	周峰	n10102	n001|n101|n10102|n1010202	4	n001	n101	n10102	n1010202
n1020101	侯军	n10201	n001|n102|n10201|n1020101	4	n001	n102	n10201	n1020101
n1020102	冯聪	n10201	n001|n102|n10201|n1020102	4	n001	n102	n10201	n1020102
n1020201	陈强	n10202	n001|n102|n10202|n1020201	4	n001	n102	n10202	n1020201
n1020202	魏东	n10202	n001|n102|n10202|n1020202	4	n001	n102	n10202	n1020202

图 7 – 10　父函数和子函数示例

7.11　VAR/RETURN

VAR 表示变量，通过 VAR，可以定义变量并将其结果存储起来而不受后续上下文的影响，需要的时候可通过 Return 调用，调用时不会重新执行计算。使用好 VAR/Return，可以让公式变得更简洁，优化 DAX 公式运算性能。利用其存储变量结果的特性，也可以解决一些相对复杂的问题。

【例 7 – 38】 销量同比增长率公式如下，如何利用 VAR/RETURN 实现该指标的计算？

销量同比增长率 = DIVIDE（SUM（'销售数据'［数量］）– CALCULATE（SUM（'销售数据'［数量］），SAMEPERIODLASTYEAR（'calendar'［date］）），CALCULATE（SUM（'销售数据'［数量］），SAMEPERIODLASTYEAR（'calendar'［date］）））

使用 VAR/Return 实现方法如下：

销量同比增长率 =

VAR 本期销量 = SUM（'销售数据'［数量］）

VAR 去年同期销量 = CALCULATE（SUM（'销售数据'［数量］），

```
        SAMEPERIODLASTYEAR ('calendar' [date]))
RETURN DIVIDE (本期销量 - 去年同期销量，去年同期销量)
```

【思考题】

（1）如何利用 DAX 函数计算应收账款账龄天数？

（2）SUM 函数和 SUMX 函数有何区别？

（3）SWITCH 函数有哪两种使用方式？

（4）何谓上下文？在可视化模型中，产生上下文的方式有哪些？

（5）简要说明 CALCULATE 函数的运算逻辑。

（6）ALL 函数有何作用？

（7）FILTER 函数与 CALCULATE 函数在构造筛选条件时有何不同？

（8）举例说明 FILTER 函数的使用方法。

（9）举例说明 EARLIER 函数的使用方法。

（10）如何利用时间智能函数计算本年累计、去年同期、去年同期累计、上期等指标值？

（11）SUMMARIZE 函数有何作用？

（12）SUMMARIZECOLUMNS 函数有何作用？

（13）如何利用 DAX 函数构造项目层级？

（14）简要解释 INTERSECT/EXCEPT/UNION 三个函数的区别。

（15）VAR/RETURN 有何作用？

【上机实训】

（1）根据第 2 章案例数据，分析销量前三名的业务员销量占比随年份月份变化趋势，要求以产品为切片器。

（2）利用第 2 章案例数据，分析各业务员销量及排名，要求以产品为切片器。

附录1　项目实战

请自拟一个可视化分析主题，并搜集相关数据（宏观、中观、微观均可，涉及商业秘密应进行数据脱敏），然后利用 Power BI 进行可视化分析，评分标准如下：

（1）观赏性与视觉冲击力（50%）。

（2）数据的真实性与有效性（30%）。

（3）具有应用价值并可推广复制（20%）。

附录 2　资源下载地址

（1）Power BI desktop 下载地址：https：//powerbi. microsoft. com/zh-cn/desktop/。

（2）可视化对象下载地址：http：//app. powerbi. com/visuals。

（3）Power BI report server 本地部署报表服务器下载地址：https：//powerbi. microsoft. com/zh-cn/ report-server/。

参 考 文 献

［1］马世权．从 Excel 到 Power BI：商业智能数据分析［M］. 北京：电子工业出版社，2018.

［2］王国平 . Microsoft Power BI 数据可视化与数据分析［M］. 北京：电子工业出版社，2018.

［3］宋立恒，沈云．人人都是数据分析师：微软 Power BI 实践指南［M］. 北京：人民邮电出版社，2018.

［4］武俊敏 . Power BI 商业数据分析项目实战［M］. 北京：电子工业出版社，2019.

［5］马世权．乐见数据：商业数据可视化思维［M］. 北京：人民邮电出版社，2020.

［6］祝泽文 . Power BI 智能财务应用与实战从新手到高手［M］. 北京：中国铁道出版社有限公司，2020.

［7］李小涛 . Power Query：基于 Excel 和 Power BI 的 M 函数详解及应用［M］. 北京：电子工业出版社，2018.

［8］郭清浦，张功富．大数据基础［M］. 北京：电子工业出版社，2020.

［9］张新民，钱爱民．财务报表分析［M］. 北京：中国人民大学出版社，2019.

［10］https：//docs. microsoft. com/zh-cn/dax/dax-function-reference.